BestMasters

Mit „BestMasters" zeichnet Springer die besten Masterarbeiten aus, die an renommierten Hochschulen in Deutschland, Österreich und der Schweiz entstanden sind. Die mit Höchstnote ausgezeichneten Arbeiten wurden durch Gutachter zur Veröffentlichung empfohlen und behandeln aktuelle Themen aus unterschiedlichen Fachgebieten der Naturwissenschaften, Psychologie, Technik und Wirtschaftswissenschaften.

Die Reihe wendet sich an Praktiker und Wissenschaftler gleichermaßen und soll insbesondere auch Nachwuchswissenschaftlern Orientierung geben

Florian Martin

Formoptimierung elastischer Bauteile mit gewichteten B-Splines

Florian Martin
Stuttgart, Deutschland

BestMasters
ISBN 978-3-658-13293-4   ISBN 978-3-658-13294-1   (eBook)
DOI 10.1007/978-3-658-13294-1

Die Deutsche Nationalbibliothek verzeichnet diese Publikation in der Deutschen Nationalbibliografie;
detaillierte bibliografische Daten sind im Internet über http://dnb.d-nb.de abrufbar.

Springer Spektrum

Gedruckt auf säurefreiem und chlorfrei gebleichtem Papier

Springer Spektrum ist Teil von Springer Nature
Die eingetragene Gesellschaft ist Springer Fachmedien Wiesbaden GmbH

Vorwort

In vielen Bereichen der Naturwissenschaften und ihren zahlreichen Anwendungsgebieten, wie beispielsweise Computergrafik, geometrische Modellierung, numerische Simulation oder Approximation, spielen B-Splines eine fundamentale Rolle. Insbesondere bei Finite-Elemente-Verfahren bieten diese gegenüber klassischen Methoden zahlreiche Vorteile, unter anderem reguläre, gebietsunabhängige Gitter, flexible Wahl von Ordnung und Glattheit sowie einfache Datenstrukturen.

Im Rahmen dieser Masterarbeit wurde ein Verfahren zur Formoptimierung elastischer Bauteile entwickelt, das eine Variante des Algorithmus von Nelder und Mead mit einem B-Spline-Löser für die Lamé-Navier-Differentialgleichungen verknüpft. Approximationen mit B-Splines sind bereits für eine relativ geringe Parameterzahl sehr genau. Dies führt gerade bei einem iterativen Verfahren, bei dem in jedem Schritt ein elliptisches Randwertproblem zu lösen ist, zu einer außerordentlich effizienten Implementierung. Damit lassen sich auch Bauteile mit komplizierter topologischer Form mit moderatem Rechenaufwand optimieren.

Die in der Masterarbeit vorgestellten neuen Methoden sind Ausgangspunkt für die Weiterentwicklung von B-Spline-Techniken in der Elastizitätstheorie. Zum einen kann die Modellierung lokaler Details durch hierarchische Basen entscheidend verbessert werden; dies ist unter anderem Gegenstand meines laufenden Dissertationsprojektes [30]. Zum anderen bieten sich die kürzlich konzipierten Kollokationsmethoden [24, 30] als Alternative zu der üblichen Ritz-Galerkin-Diskretisierung an. Durch den Wegfall der numerischen Integration ist eine weitere Effizienzsteigerung bei den Lösern für die auftretenden Randwertprobleme zu erwarten.

Ein besonderer Dank geht an dieser Stelle an den Springer Verlag, dessen »BestMasters« Programm die Veröffentlichung dieser Masterarbeit ermöglicht hat. Dadurch werden meine Ergebnisse einem breiten Publikum zugänglich, und ich hoffe, dass Anwender die entwickelten Methoden nutzen werden und Studierende bei verwandten Projekten von den vorgestellten B-Spline-Techniken profitieren können.

Florian Martin
Bietigheim-Bissingen, Dezember 2015

Inhaltsverzeichnis

Abbildungsverzeichnis

Tabellenverzeichnis

Kapitel 1

Einleitung

Bei der Entwicklung eines neuen Produktes oder beim Bau eines Gebäudes spielt die Planung eine wichtige Rolle, denn eine schlechte Durchführung von dieser kann durchaus dazu führen, dass im Nachhinein noch sehr viel Geld in Nachbesserungen gesteckt werden muss. Aus diesem Grund kann es vorkommen, dass wie im Falle des »Viaduc de Millau« (Südfrankreich) die Planung sehr viel länger dauert als der eigentliche Bau (14 und 3 Jahre [13]).

Abbildung 1.1: Viaduc de Millau [14]

Um den nachträglichen Einsatz von Geldern zu minimieren, werden während der Planungsphase Optimierungsarbeiten durchgeführt. Im Falle einer Brücke ist zum Beispiel die Form des Brückenbogens ein Faktor, der die Belastung für das Material durch darüberfahrende Autos beeinflusst und somit auch dessen Haltbarkeit.

Solch ein Optimierungsprozess war in Zeiten, in denen man ein Produkt nicht am Computer simulieren konnte, häufig nur durch wiederholtes Bauen und Testen oder aufwendige Berechnungen durchzuführen. Dies führte zum einen zu einer längeren Entwicklungszeit und somit zu einer späteren Endproduktion, als auch zu erhöhten Entwicklungskosten, die sich wiederum auf den Verkaufspreis auswirkten.

In den 1980er Jahren begann der Prozess der Entwicklung von Algorithmen zur Optimierung von Bauteilen unter mechanischer Beanspruchung. Dieses als »Topologieoptimierung« bekannte Gebiet, umfasst dabei die Optimierung der Form, der Abmessungen und der Struktur eines Bauteils. Als einer der ersten Algorithmen zur Lösung solcher Probleme gilt der von M. P. Bendsøe und N. Kikuchi 1988 entwickelte Algorithmus »material distribution method« [6, 7] und durch die erhöhte Präsenz von Computern kam es in den 1990er und frühen 2000er Jahren zu einem rasanten Fortschritt in diesem Themengebiet. Nachdem zunächst die Automobilbranche der Hauptanwender dieser Technik war, nutzten immer mehr Industriezweige die Optimierung für sich, so dass sie heutzutage auch in der Luft- und Raumfahrtindustrie und wie schon oben erwähnt in der Baubranche ihre Anwendung findet. Ein weiterer Anwendungsbereich, auf den man erst nach einiger Recherchezeit stößt, ist die Sportartikelentwicklung. Vor allem im Hochleistungssport mit Geräten müssen diese optimal an die individuellen Sportler angepasst sein, so dass beispielsweise speziell für die Optimierung von Fahrradsätteln ausgelegte Programme existieren [40].

Im Jahre 1994 wurde der oben erwähnte Algorithmus erstmals in einer kommerziellen Software [3, 39] verwendet, und in der heutigen Zeit befindet sich in den meisten CAD-Programmen oder Programmen zur Simulation von Bauteilen, wie z.b. COMSOL [1], ein Optimierungsmodul, mit dessen Hilfe sich bestimmte Parameter optimal bezüglich Belastungen, Wärmeentwicklung oder anderen Beanspruchungen bestimmen lassen können. Darüber hinaus befinden sich in Softwarepaketen, die nicht speziell für CAD-Zwecke konzipiert sind, wie z.b. MATLAB, allgemeinere Optimierungsmethoden, die jedoch in Verbindung mit Bauteilsimulationen denselben Zweck erfüllen.

Darüber hinaus entstanden durch den zunehmenden Fortschritt im Bereich der Bauteiloptimierung und den damit verbundenen erhöhten Arbeitsaufwand spezielle Ingenieurbüros, wie z.b. *FEMopt Studios* [16], die für die oben genannten Industriezweigen anfallende Optimierungsarbeiten übernehmen.

Innerhalb dieser Arbeit soll aus dem gesamten Themengebietes nur der Aspekt der Formoptimierung von elastischen Bauteilen betrachtet werden. Das Ziel ist hierbei die Änderung des Randes eines Bauteils, so dass die maximale Belastung, im Sinne von Verschiebung des Materials, durch wirkende Kräfte minimal wird. Gleichzeitig soll der Materialverbrauch konstant sein, um zum Beispiel das Budget für Material nicht zu übersteigen oder weil aufgrund von logistischen Gründen nur eine bestimmte Menge an Material zur Verfügung steht.

Abgesehen von dem allgemeinen Algorithmus von Bendsøe und Kikuchi existieren speziell für das Problem der Formoptimierung entwickelte Algorithmen, beispielsweise die aus dem Bereich der Bionik stammende »Computer Aided Optimization« Methode [32]. Dies ist einer von vielen Algorithmus, der die Wachstumsregel von Bäumen oder Knochen, d.h. von in der Natur auftretenden Belastungsträgern, nachahmt [18] und diese auf mechanische Bauteile anwendet.

In dieser Arbeit wird nicht der Weg einer Entwicklung eines völlig neuen Algorithmus gewählt, sondern der Verknüpfung von Minimierungsalgorithmen mit einer FEM-Toolbox und das Ausnutzen der Vorzüge dieser Toolbox, um damit schneller eine Lösung zu berechnen als mit anderen Finiten Elementen. Hierbei handelt es sich um das FEMB-Programmpaket von K. Höllig und J. Hörner [25], welches Lösungen verschiedenster partieller Differentialgleichungen mittels Finite-Elemente-Methode basierend auf gewichteten B-Splines berechnen kann.

Die Grundlage für gewichtete B-Splines bilden B-Splines, wie sie von N. I. Lobachevsky [28] untersucht und später von Schoenberg als Basisfunktionen von Splines [38] bezeichnet wurden. Neben der Verwendung als Splines zur Modellierung (z.B. in der Automobilindustrie), lassen sich B-Splines als Ansatzfunktionen zur Darstellung von Lösungen eines

Finite-Elemente-Verfahrens verwenden. Hierbei besitzt die Erweiterung zu gewichteten B-Splines im Hinblick auf einen Optimierungsprozess Vorteile gegenüber regulären Basisfunktionen: Im Verlauf eines Algorithmus zur Findung der optimalen Form eines Bauteils, wird diese einige Male verändert. Dabei muss in jedem neuen Schritt eine neue Lösung berechnet werden und wie in einem späteren Kapitel zu sehen ist, wird dazu ein lineares Gleichungssystem aufgestellt und gelöst. Hauptsächlich beim Aufstellen besitzen gewichtete B-Splines den Vorteil, dass anstatt ein komplett neues Gleichungssystem zu erzeugen, lediglich das bestehende an Einträgen verändert werden muss, die von der Änderung der Form betroffen sind. Daraus ergibt sich sofort, dass sich sehr schnell eine Lösung errechnen lässt, wenn sich der Rand sehr wenig oder an wenigen Stellen ändert.

Um die oben beschriebene Aufgabe zu lösen, wird zunächst in Kapitel 2 auf die Theorie der B-Splines und deren Erweiterung zu gewichteten B-Splines eingegangen, so dass anschließend in Kapitel 3 die Berechnung der Belastung auf Bauteilen mittels der Finite-Elemente-Methode und die Art und Weise, wie gewichtete B-Spline ausgenutzt werden können, um bei sich änderndem Rand schnell eine Lösung zu errechnen, behandelt werden kann. Nachdem in Kapitel 4 die verwendeten Minimierungsverfahren und deren Verknüpfung mit der FEMB-Toolbox vorgestellt wurden, beinhaltet Kapitel 5 zum Abschluss einige repräsentative Beispiele.

Im Verlauf dieser Arbeit, vor allem in Kapitel 4, treten englische Begriffe auf, die nicht übersetzt wurden. Dies liegt hauptsächlich daran, dass es sich zum einen um Namen von Verfahren handelt, für die es im Deutschen keine entsprechende Bezeichnung gibt, und zum anderen wurde die deutsche Übersetzung für unpassend empfunden.

Außerdem werden grundlegende Definitionen, wie die eines Hilbertraumes, Grundzüge der numerischen Integration mittels Gauß-Quadratur oder verschiedene Typen von Randwerten nicht näher erläutert und sollten gegebenenfalls nachgelesen werden.

Kapitel 2

Gewichtete Splines

Im folgenden Kapitel werden die Grundlagen für die Verwendung von B-Splines als Basisfunktionen für ein Finite-Elemente-Verfahren geschaffen. Hierzu wird zunächst in Kapitel 2.1 auf die allgemeine Definition von uni- und multivariaten B-Splines eingegangen. Kapitel 2.2 widmet sich der Einführung von Gewichtsfunktionen zur Beschreibung von Gebieten, welche für die Definition von gewichteten B-Splines eine zentrale Rolle spielen. Abschließend behandelt Kapitel 2.3 den Einsatz der zuvor definierten Funktionen als Finites Element.

Für weitere Anwendungen von B-Splines und Splines, insbesondere bei Modellierungsarbeiten, wird auf das Buch *Approximation and Modeling with B-Splines* von K. Höllig und J. Hörner [21] verwiesen.

2.1 B-Splines

Um B-Splines einzuführen, wird zunächst mit einer Standardfunktion gestartet und mit deren Hilfe im Laufe des Kapitels weitere Funktionen bis hin zu den benötigten Basisfunktionen definiert. Hierbei ist darauf hinzuweisen, dass die folgende Definition nicht die einzige existierende ist; eine weitere verfolgt den Weg über eine rekursive Mittelwertsbildung mit Hilfe von Integration. Diese ist in Hinsicht auf das Studium der Eigenschaften von B-Splines sinnvoller, für die Anwendung ist die folgende rekursive Definition nach de Boor [10] vorzuziehen. Zudem wird hier lediglich der uniforme Fall behandelt, welcher ausreichend für die Zwecke als Ansatzfunktion ist. Für die in der Einleitung beschriebenen Modellierungszwecke ist der nicht-uniforme Fall sehr viel interessanter [21].

Definition 2.1 (univariater B-Spline)
*Der **B-Spline** b^0 vom Grad 0 ist definiert als die charakteristische Funktion auf dem halboffenen Einheitsintervall $[0, 1)$:*

$$b^0(x) = \mathbb{1}_{[0,1)}(x)$$

Damit wird der B-Spline b^n vom Grad n rekursiv definiert als

$$b^n(x) = \frac{x}{n}\, b^{n-1}(x) + \frac{n+1-x}{n}\, b^{n-1}(x-1)$$

Eine der zahlreichen Eigenschaften des B-Splines b^n, die für diese Arbeit hilfreich sein wird und direkt aus der Definition folgt, ist die Positivität auf dem Intervall $(0, n + 1)$, d.h. $\text{supp}(b^n) = [0, n + 1]$.

Um B-Splines in partielle Differentialgleichungen bzw. deren schwache Form einsetzen zu können, wird ihre Ableitung benötigt. Für den Beweis der Formel wird an dieser Stelle auf weiterführende Literatur verwiesen (z.B. [21]), da er trotz des einfacheren uniformen Falls von technischer Natur ist und für die weiteren Erkenntnisse nicht benötigt wird.

Satz 2.1 (Ableitung des B-Splines b^n)
Für die Ableitung des uniformen B-Splines b^n vom Grad $n \geq 1$ gilt

$$\frac{d}{dx}b^n(x) = b^{n-1}(x) - b^{n-1}(x - 1)$$

Im Fall $n = 0$ gilt

$$\frac{d}{dx}b^0(x) \equiv 0$$

für $x \in [0, 1)$.

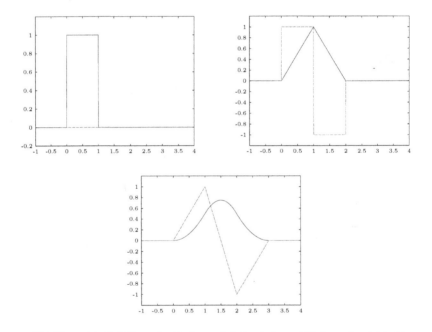

Abbildung 2.1: B-Splines der Ordnung $0, 1, 2$ mit ihrer Ableitung (gestrichelt)

Für den Einsatz von B-Splines als Basisfunktionen für ein Finite-Elemente-Verfahren reicht der bisher definierte natürlich nicht aus, so dass mittels diesem alle B-Splines auf einem Gitter definiert werden.

Definition 2.2 (B-Splines auf uniformem Gitter)
Sei das Gitter $h\mathbb{Z} = \{hl \mid l \in \mathbb{Z}\}$ mit Gitterweite $h > 0$ gegeben. Dann ist der B-Spline $b^n_{k,h}$ zum Index $k \in \mathbb{Z}$ definiert durch

$$b^n_{k,h}(x) = b^n(x/h - k)$$

Somit ergibt sich durch Skalierung und Verschiebung des einen B-Splines alle auf einem Gitter und mittels der Rekursion aus Definition 2.1 und Kettenregel folgt sofort die Ableitungsregel

$$\frac{d}{dx} b^n_{k,h}(x) = \frac{d}{dx} b^n(x/h - k)$$
$$= h^{-1}(b^{n-1}(x/h - k) - b^{n-1}(x/h - k - 1))$$
$$= h^{-1}(b^{n-1}_{k,h}(x) - b^{n-1}_{k+1,h}(x))$$

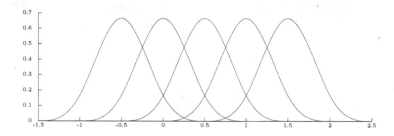

Abbildung 2.2: quadratische B-Splines zur Gitterweite $h = 1/2$ deren Träger das Intervall $[0,1]$ überlappen.

Im späteren Verlauf wird hauptsächlich auf Gittern im $\mathbb{R}^d$ gearbeitet (in den meisten Fällen ist $d = 2$ oder $d = 3$), so dass die bisherigen Definitionen nicht ausreichen und multivariate B-Splines eingeführt werden müssen. Zur Vereinfachung wird die Gitterweite h in allen Dimensionen gleich sein und lediglich der Grad ist variabel.

Definition 2.3 (multivariate B-Splines)
Der B-Spline $b^n_{k,h}$ in d-Variablen und Grad n_ν in der ν-ten Komponente wird für den Index $k = (k_1, ..., k_d) \in \mathbb{Z}^d$ und Gitterweite $h > 0$ definiert durch

$$b^n_{k,h}(x) = \prod_{\nu=1}^{d} b^{n_\nu}_{k_\nu,h}(x_\nu)$$

Hierbei ist $n \in \mathbb{N}^d$.

In Fällen, in denen ein konkretes n vorliegt und gilt $n_1 = ... = n_d$, wird die verkürzende Konvention $b^{(n_1,...,n_d)}_{k,h} = b^{n_1}_{k,h}$ genutzt.
Aus der Formel für die Ableitung eines uniformen B-Splines ergibt sich sofort eine Formel für die partiellen Ableitungen im multivariaten Fall.

Satz 2.2 (part. Ableitungen 1. Ordnung eines multivariaten B-Splines)
Sei $\alpha \in \mathbb{R}^d$ ein Einheitsvektor, dann gilt

$$\partial^\alpha b_{k,h}^n(x) = h^{-1}\big(b_{k,h}^{n-\alpha}(x) - b_{k+\alpha,h}^{n-\alpha}(x)\big)$$

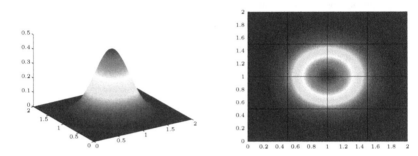

Abbildung 2.3: multivariater B-Spline $b_{(0,0),1/2}^3$ (links) mit Gitterstruktur (rechts)

Mit multivariaten B-Splines lässt sich nun ein erster Versuch starten, um einen Funktionenraum für ein Finite-Elemente-Verfahren mit Hilfe von B-Splines zu definieren. Es ist jedoch vorwegzunehmen, dass das Ergebnis unschöne Eigenschaften besitzt, so dass im nächsten Kapitel Gewichtsfunktionen eingeführt werden müssen.

Definition 2.4 (Splines auf beschränkten Gebieten)
*Für ein beschränktes Gebiet $D \subset \mathbb{R}^d$ ist der **Spline-Raum** $\mathbb{B}_h^n(D)$ definiert als alle Linearkombinationen der Form*

$$\sum_{k \in K} c_k b_{k,h}^n$$

mit $c_k \in \mathbb{R}$ und

$$K = \{k \in \mathbb{Z}^d \mid \exists_{x \in D}\, b_{k,h}^n(x) \neq 0\}$$

Somit enthält K alle Indizes der B-Splines, deren Träger D schneidet.

Der entscheidende Nachteil entsteht hierbei in der schlechten Approximationseigenschaft von Randwerten. Vor allem bei Dirichletrandbedingungen ergibt sich das Problem, dass die Linearkombination der relevanten B-Splines einen bestimmten Wert auf dem Rand erfüllen müssen. Im einfachsten Fall von verschwindenden Randbedingungen müssen die Koeffizienten aller B-Splines, deren Träger den Rand schneidet, ebenfalls verschwinden. Dies führt vor allem im Bereich des Randes zu einer sehr schlechten Approximationsordung der Lösung [20].
Aus diesem Grund werden gewichtete Splines benötigt, für welche die im folgenden Kapitel vorgestellten Gewichtsfunktionen eine zentrale Rolle spielen.

2.2 Gewichtsfunktionen

Am Ende des vorherigen Kapitels wurde klargemacht, warum der bisher eingeführte Spline-Raum unpassend für ein Finite-Elemente-Verfahren ist. Die Idee zur Behebung des Problems ist die Multiplikation der B-Splines mit einer Gewichtsfunktion. Diese muss passend für die jeweiligen Randbedingungen gewählt werden, z.b. für verschwindende Dirichletrandbedingungen sollte sie auf dem Rand ebenfalls verschwinden und im Inneren des Gebietes positiv sein. Dieses Vorgehen kann logischerweise auch für eine andere Wahl von Basisfunktionen genutzt werden, speziell für gebietsunabhängige, und wurde schon 1956 von Kantorowitsch und Krylow vorgeschlagen [26].

Zunächst soll eine Gewichtsfunktion allgemein definiert werden, bevor in den zwei folgenden Unterkapiteln darauf eingegangen wird, wie sich effizient eine solche konstruieren lässt.

Definition 2.5 (Gewichtsfunktion)
*Sei $D \subset \mathbb{R}^d$ ein beschränktes Gebiet und $\Gamma \subset \partial D$ eine Teilmenge des Randes mit positivem $(d-1)$-dimensionalem Maß. Dann ist eine Funktion w eine **Gewichtsfunktion** der Ordnung $\gamma \in \mathbb{N}_0$, falls sie stetig auf $\overline{D}$ ist und gilt*

$$w(x) \asymp dist(x, \Gamma)^\gamma, \ x \in D$$

Hierbei bezeichne $\asymp$ eine Gleichheit mit Konstanten auf beiden Seiten, die nicht relevant sind.

*Eine **vorzeichenbehaftete Gewichtsfunktion** ist eine Gewichtsfunktion, die überall stetig ist (somit auch außerhalb von D) und welche im Inneren des Gebiets positiv und auf dem Komplement von $\overline{D}$ negativ ist.*

Damit Gewichtsfunktionen zur Definition eines Finite-Elemente-Raums verwendet werden können und damit die Lösung einer partiellen Differentialgleichung approximiert wird, muss sie am Rand des Gebietes mit minimaler Ordnung verschwinden [20]. Dies besitzt den Hintergrund, dass der Raum, der in Kapitel 2.3 eingeführt wird lediglich Funktionen approximieren kann, die mindestens mit der gleichen Ordnung verschwinden und um möglichst viele solcher Funktionen abdecken zu können, ist eine minimale Ordnung nötig. Bevor auf die Definition des Raumes eingegangen wird, soll zunächst die Konstruktion solch einer Gewichtsfunktion genauer betrachtet werden.

2.2.1 Konstruktion von Gewichtsfunktionen

Im späteren Verlauf wird hauptsächlich mit Gebieten im $\mathbb{R}^2$ gearbeitet, so dass die hier aufgeführten Beispiele ebenfalls ein solches beschreiben, jedoch lässt sich leicht eine Verallgemeinerung für allgemeine Dimensionen durchführen.

Die einfachste Form zur Konstruktion von Gewichtsfunktionen ist über eine implizite Beschreibung des Randes, meistens durch algebraische Gleichungen. Sei dazu $D \subset \mathbb{R}^2$ das Gebiet und der Rand ist implizit gegeben durch

$$\partial D = \{(x,y) \in \mathbb{R}^2 \mid w(x,y) = 0\}$$

Somit lässt sich $w(x,y)$ direkt als Gewichtsfunktion verwenden. Dabei ist allerdings zu beachten, dass diese im Inneren des Gebiets positiv sein sollte, so dass eventuell $-w$

verwendet werden muss. Dies ändert nichts an der Beschreibung des Randes, jedoch am Vorzeichen innerhalb des Gebietes. Liegt eine algebraischen Gleichung vor, so handelt es sich aufgrund der globalen Stetigkeit sogar um eine vorzeichenbehaftete Gewichtsfunktion.

Beispiel: Eine Ellipse mit Mittelpunkt $\left(\frac{1}{2}|\frac{1}{2}\right)$ ist durch die implizite Gleichung

$$\frac{(x - \frac{1}{2})^2}{a^2} + \frac{(y - \frac{1}{2})^2}{b^2} = 1$$

bestimmt, wobei für die Halbachsen $a, b \in \mathbb{R}^+$ gilt. In diesem Fall kommen für $w(x, y)$ die Möglichkeiten

i) $w(x, y) = 1 - \frac{(x - \frac{1}{2})^2}{a^2} - \frac{(y - \frac{1}{2})^2}{b^2}$

und

ii) $w(x, y) = \frac{(x - \frac{1}{2})^2}{a^2} + \frac{(y - \frac{1}{2})^2}{b^2} - 1$

in Frage. Verwendet man Variante $i)$ als Gewichtsfunktion, so erhält man wie in Abbildung 2.4 zu sehen das Innere der Ellipse als Gebiet (mit $a = \frac{1}{3}$ und $b = \frac{1}{5}$). Dagegen bei Variante $ii)$ das Äußere der Ellipse, d.h. es wird aus einem Block eine Ellipse herausgeschnitten (siehe Abbildung 2.5).

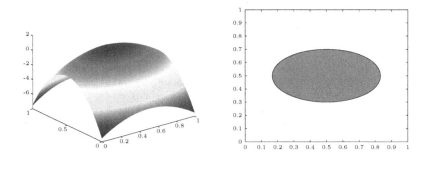

(a) Gewichtsfunktion   (b) resultierendes Gebiet

Abbildung 2.4: Variante $i)$ der Gewichtsfunktion

Eine weitere Möglichkeit um Gewichtsfunktionen zu konstruieren, ist die Verwendung von Bézierkurven. Diese wurden unabhängig voneinander von P. Bézier bei Renault [8, 9] und von P. de Casteljau bei Citroën [12] entwickelt und die Herkunft aus der Automobilindustrie spricht für die Verwendung als Randbeschreibung von Bauteilen. Um Bézierkurven definieren zu können, werden zunächst Bernsteinpolynome als Basisfunktionen benötigt. Diese lassen sich zwar aus B-Splines herleiten, dafür sind jedoch B-Splines auf einer beliebigen Knotensequenz nötig und es wird daher auf weiterführende Literatur (z.B. [21]) verwiesen.

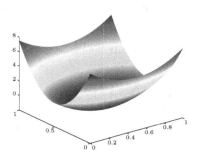 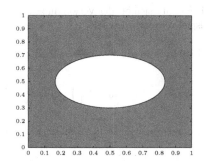

(a) Gewichtsfunktion   (b) resultierendes Gebiet

Abbildung 2.5: Variante ii) der Gewichtsfunktion

Definition 2.6 (Bernsteinpolynome)
*Die **Bernsteinpolynome** vom Grad n sind definiert durch*

$$b_k^n(x) = \binom{n}{k}(1-x)^{n-k}x^k, \qquad k = 0, ..., n$$

mit $x \in [0,1]$.

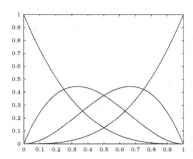

Abbildung 2.6: Bernsteinpolynome vom Grad 3 für $k = 0, 1, 2, 3$

Definition 2.7 (Bézierkurve)
*Eine **Bézierkurve** p vom Grad $\leq n$ im $\mathbb{R}^d$ besitzt die Parametrisierung*

$$p(t) = \sum_{k=0}^{n} c_k b_k^n(t)$$

mit $t \in [0,1]$ und Kontrollpunkten $c_k \in \mathbb{R}^d$.

Leider ergibt sich bei der Verwendung von Bézierkurven ein Problem, welches das folgende Beispiel verdeutlichen soll.

Beispiel: Es werde die kubische Bézierkurve $p(t)$ mit den Kontrollpunkten

$$c_0 = \begin{pmatrix} \frac{1}{2} \\ \frac{1}{5} \end{pmatrix}, \; c_1 = \begin{pmatrix} -\frac{1}{2} \\ 1 \end{pmatrix}, \; c_2 = \begin{pmatrix} \frac{3}{2} \\ 1 \end{pmatrix}, \; c_3 = \begin{pmatrix} \frac{1}{2} \\ \frac{1}{5} \end{pmatrix}$$

und der Form wie sie in Abbildung 2.7 zu sehen ist, betrachtet. Hierbei entsteht das

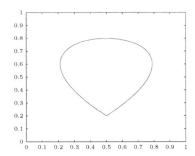

Abbildung 2.7: Bézierkurve vom Grad 3

Problem, dass keine Darstellung vorhanden ist, welche die Eigenschaften einer Gewichts-funktion besitzt. Gesucht ist eine stetige Funktion $w(x,y)$, die für jeden Punkt (x,y) auf der Bézierkurve den Funktionswert 0 besitzt und ansonsten einen Funktionswert, der dem Abstand von (x,y) zu p entspricht (gemäß der Definition einer Gewichtsfunktion). Gleichzeitig muss für eine vorzeichenbehaftete Gewichtsfunktion ein der Lage entspre-chendes Vorzeichen bestimmt werden.

Das Problem ist numerisch gesehen nichttrivial und kann z.B. wie in der Bachelorarbeit von J. Valentin [41] beschrieben, mittels Interpolation verschiedenster Testpunkte gelöst werden.

Aus diesem Grund, werden lediglich Bézierkurven mit reellwertigen Kontrollpunkten $c_k \in \mathbb{R}$ verwendet, die den Graph einer Funktion beschreiben. Bei dieser Vorgehensweise ist es sehr einfach eine Gewichtsfunktion zu definieren, die für $x \in [0,1]$ das Gebiet unterhalb der Bézierkurve beschreibt:

$$w(x,y) = p(x) - y$$

Mit Hilfe der affinen Transformation

$$t = \frac{x - x_0}{x_1 - x_0}, \qquad x \in [x_0, x_1]$$

kann der Parameterbereich der Bézierkurve auf jedes Intervall $[x_0, x_1]$ transformiert wer-den, so dass man nicht auf das Einheitsintervall angewiesen ist.

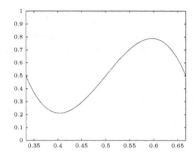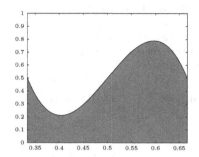

Abbildung 2.8: Gebiet unterhalb der Bézierkurve mit Kontrollpunkten
$$c = \left(\tfrac{1}{2}, \ -\tfrac{1}{2}, \ \tfrac{3}{2}, \ \tfrac{1}{2} \right)$$

2.2.2 R-Funktionen

Im vorherigen Kapitel wurden Methoden beschrieben, wie sich eine Gewichtsfunktion konstruieren lässt. In vielen Fällen ist es jedoch schwer ein Gebiet durch eine Gewichtsfunktion zu beschreiben, z.b. mehrere nebeneinanderliegende Kreise. Für solche Fälle hat V. L. Rvachev [36, 37] die R-Funktionen-Methode entwickelt, die es erlaubt, mehrere vorzeichenbehaftete Gewichtsfunktionen durch Boolsche Operationen zu verknüpfen, um so eine Gewichtsfunktion für das Komplement, die Vereinigung oder den Schnitt mehrerer Gebiete zu erhalten.

Satz 2.3 (R-Funktionen-Methode)
Seien w_ν vorzeichenbehaftete Gewichtsfunktionen für Gebiete D_ν mit $\nu \in \{1,2\}$. Dann sind die in Tabelle 2.1 aufgeführten R-Funktionen $r_c, r_\cap$ und $r_\cup$ vorzeichenbehaftete Gewichtsfunktionen für die entsprechenden Mengenoperationen ausgeführt auf D_1 und D_2.

Mengenoperation	korrespondierende R-Funktion
Komplement: D_1^C	$r_c(w_1) = -w_1$
Schnitt: $D_1 \cap D_2$	$r_\cap(w_1, w_2) = w_1 + w_2 - \sqrt{w_1^2 + w_2^2}$
Vereinigung: $D_1 \cup D_2$	$r_\cup(w_1, w_2) = w_1 + w_2 + \sqrt{w_1^2 + w_2^2}$

Tabelle 2.1: R-Funktionen für die Standard Mengenoperationen

Zur Konstruktion von Gewichtsfunktionen mittels R-Funktionen soll in diesem Zusammenhang auf das im Umfang der Diplomarbeit von M. Boßle [11] entstandene Matlab-Programm hingewiesen werden, mit dessen Hilfe sich durch die in Theorem 2.3 beschriebene Weise unkompliziert Gewichtsfunktionen erzeugt lassen können.
Für die Zwecke dieser Arbeit folgt zunächst ein kleiner Beweis, der die obige Aussage, dass die so definierten Gewichtsfunktionen auch wirklich die entsprechenden Gebiete beschreiben, verifiziert und im Anschluss wird mit der Hilfe von R-Funktionen die Querschnittsfläche eines Staudamms modelliert.

Beweis von Theorem 2.3:
Wie in den Bildern 2.4 und 2.5 gesehen und wie man sich leicht überlegen kann, erhält man mittels $-w_1$ genau das Komplement von D_1. Mit Hilfe der de Morganschen Gesetze und den Überlegungen zur Komplementbildung genügt es nur die Formel für den Durchschnitt zu validieren:

$$D_1 \cup D_2 = (D_1^C \cap D_2^C)^C$$

Sei daher $x \in D_1 \cap D_2$, d.h. $w_1(x) > 0$ und $w_2(x) > 0$. Mit der 1. binomischen Formel folgt

$$(w_1(x) + w_2(x))^2 > w_1^2(x) + w_2^2(x)$$

und somit

$$w_1(x) + w_2(x) - \sqrt{w_1^2(x) + w_2^2(x)} > w_1(x) + w_2(x) - \sqrt{(w_1(x) + w_2(x))^2} = 0$$

Ist $x \notin D_1 \cap D_2$, so ist mindestens eine Gewichtsfunktion negativ und es gilt

$$w_1(x) + w_2(x) < \max(|w_1(x)|, |w_2(x)|) \leq \sqrt{w_1^2(x) + w_2^2(x)}$$

sowie

$$w_1(x) + w_2(x) - \sqrt{w_1^2(x) + w_2^2(x)} < 0$$

Für $x \in \partial(D_1 \cap D_2)$ ist mindestens eine Gewichtsfunktion 0, sei dies oBdA w_1, dann gilt

$$w_1(x) + w_2(x) - \sqrt{w_1^2(x) + w_2^2(x)} = w_2(x) - \sqrt{w_2^2(x)} = 0$$

Somit erfüllen alle Gewichtsfunktionen ihren genannten Zweck.   □

Beispiel: Mittels der oben vorgestellten R-Funktionen Methode soll nun der Querschnitt eines Staudamms wie er in Abbildung 2.9 dargestellt ist, erzeugt werden.

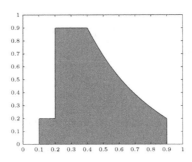

Abbildung 2.9: Querschnitt eines Staudamms

Durch den Schnitt der in Abbildung 2.10 dargestellten Gebiete erhält man zunächst das untere Rechteck. Die Gewichtsfunktion des linken Bildes ist durch

$$w_1(x, y) = (x - 0.1) \cdot (0.9 - x)$$

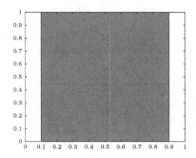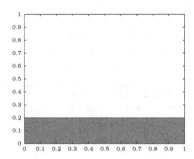

Abbildung 2.10: Schnitt der dargestellten Gebiete erzeugt ein Teil des Staudammgebietes

gegeben und für das rechte Bild wurde

$$w_2(x,y) = (0.2 - y) \cdot y$$

verwendet. Auf die gleiche Art und Weise erhält man ein Rechteck nach oben und vereinigt es mit dem bisher erzeugten.
Für die schräge Fläche wurde eine kubische Bézierkurve benutzt, deren Parameterbereich auf das Intervall $[0.4, 0.9]$ transformiert wurde und welche die Punkte $(0.4|0.9)$ und $(0.9|0.2)$ verbindet. Wie in Kapitel 2.2.1 beschrieben, erhält man eine Gewichtsfunktion für die Fläche unterhalb der Kurve und durch Vereinigung mit der bisher erzeugten Fläche entsteht das gewünschte Ergebnis. Durch die Wahl der zwei freien Kontrollpunkte der Bézier-Kurve kann die Schräge angepasst werden und bietet damit einen Ansatzpunkt für ein Optimierungsverfahren.

2.3 Finite Elemente

Im abschließenden Kapitel wird der Spline-Raum aus Definition 2.4 erweitert, so dass er als Finite-Elemente-Raum geeignet ist.
Obwohl das verwendete FEM-Programm die Lösung auf einem Gebiet $D \subset [0,1]^2$ bzw. $D \subset [0,1]^3$ berechnet, soll die folgende Definition allgemein formuliert werden.

Definition 2.8 (gewichteter Spline-Raum)
Sei $D \subset \mathbb{R}^d$ ein beschränktes Gebiet und w eine Gewichtsfunktion, dann bezeichnet

$$w\mathbb{B}_h^n(D) = span_{k \in K} \, wb_{k,h}^n$$

*den **gewichteten Spline-Raum** auf D, wobei K wie in Definition 2.4 definiert ist.*

Um eine Finite-Elemente-Lösung für partielle Differentialgleichungen mittels der verwendeten Toolbox zu berechnen, ist dieser Funktionenraum ausreichend. Jedoch besitzt er noch eine Schwachstelle, die durch B-Splines ausgelöst wird, deren Träger einen relativ kleinen Schnitt mit dem Gebiet besitzen und so zu Stabilitätsproblemen führen [20]. Dies kann durch eine zusätzliche Erweiterung zu WEB-Splines kompensiert werden, wobei an

dieser Stelle jedoch auf weiterführende Literatur verwiesen (z.B. [23, 20]) wird, da diese
auch nicht Inhalt des FEMB-Pakets sind.
Den Abschluss des Kapitels bildet die Vorstellung einer Typisierung von Gitterzellen, die
eine wichtige Rolle beim numerische Lösen mit gewichteten B-Splines spielt und zusätzlich
für die Modifikation der Toolbox benötigt wird.

Definition 2.9 (Klassifikation von Gitterzellen)
Sei $D \subset \mathbb{R}^d$ ein beschränktes Gebiet und es liege eine Gitterstruktur mit Gitterweite
$h > 0$ vor. Dann heißt eine Gitterzelle $Q = lh + [0,1]^d h$

- *innere Zelle, falls $Q \subseteq \overline{D}$*

- *Randzelle, falls $Q \cap \partial D \neq \emptyset$*

- *äußere Zelle, falls $Q \cap D = \emptyset$*

wobei l der d-dimensionale Index der Zelle ist.

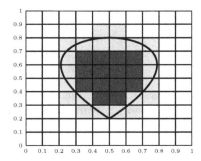

Abbildung 2.11: Klassifikation in innere, Rand- und äußere Zellen für ein zweidimensio-
nales Gebiet

Kapitel 3

Lineare Elastizität

Der Funktionenraum, der im letzten Kapitel als Endergebnis präsentiert wurde, soll im Laufe des folgenden Kapitels in einem Finite-Elemente-Verfahren zur Lösung des linearen Elastizitätsproblems zum Einsatz kommen. Dafür werden zunächst in Kapitel 3.1 die Grundlagen eines solchen Verfahrens wiederholt, so dass ein Ansatzpunkt existiert, von dem ausgehend gearbeitet werden kann. Anschließend sollen in Kapitel 3.2 die Lavé-Navier-Gleichungen für die lineare Elastizität vorgestellt werden, um damit die Belastung auf einem Bauteil durch darauf wirkende Kräfte zu berechnen. Dieser Ansatz wird anschließend auf zwei Spezialfälle angewendet, welche bei der späteren Betrachtung eine größere Rolle spielen als der allgemeine Fall. Den Abschluss bilden in Kapitel 3.4 die Feinheiten einer Finite-Elemente Approximation der vorgestellten Probleme, sowie die durchgeführten Modifikationen an der Implementierung.

3.1 Grundlagen

Für die Grundlagen wird zunächst ein allgemeines Randwertproblem auf einem Gebiet $D \subset \mathbb{R}^d$ betrachtet:

$$\begin{aligned} \mathcal{L}u &= f \text{ in } D \\ \mathcal{B}u &= 0 \text{ auf } \partial D \end{aligned} \tag{3.1}$$

Hierbei ist $\mathcal{L}$ ein allgemeiner Differentialoperator der Ordnung k, $\mathcal{B}$ ein Operator, der die Randbedingungen repräsentiert und $u \in C^k(D)$ die gesuchte Lösungsfunktion. Beispielsweise gilt für das Poisson-Problem mit Dirichletnullrandwerten $\mathcal{L} = -\Delta$ und $\mathcal{B} = \mathrm{Id}$. Für die weiteren Überlegungen muss angenommen werden, dass Problem 3.1 äquivalent zu einer Variationsformulierung

$$a(u, v) = \lambda(v), \qquad \forall v \in H \tag{3.2}$$

ist, wobei a eine Bilinearform und λ ein lineares Funktional auf einem Hilbertraum H sei. Im einfachen Beispiel der Poisson-Gleichung erhält man durch Multiplikation der Gleichung mit einer glatten Funktion v, die auf dem Rand verschwindet (d.h. $H = C_0^\infty(D)$)

und partieller Integration

$$a(u,v) = \int_D \nabla u \cdot \nabla v$$

$$\lambda(v) = \int_D fv$$

Durch das Umschreiben der Differentialgleichung wurde die Lösbarkeit nicht vereinfacht, jedoch kann mittels Gleichung 3.2 eine approximative Lösung berechnet werden. Für diese **Finite-Elemente-Approximation** wird ein endlichdimensionaler Unterraum $V_h \subset H$ gewählt und eine Lösung $u_h \in V_h$ ergibt sich aus der Gleichung

$$a(u_h, v_h) = \lambda(v_h), \qquad \forall v_h \in V_h$$

Der Parameter $h > 0$ charakterisiert hierbei einen Diskretisierungsparameter, wie z.B. eine Gitterweite, und es wäre wünschenswert, dass $\lim_{h \to 0} u_h = u$ gilt. Um damit die sogenannte **Ritz-Galerkin Approximation** zu berechnen, bedient man sich einer Basis $\{B_i\}_{i \in I}$ von V_h mit $|I| = \dim V_h$ und erhält unter Ausnutzung der Linearität von a und λ den folgenden Satz

---

Satz 3.1 (Ritz-Galerkin Approximation)
Sei $\{B_i\}_{i=1}^n$ eine Basis von V_h und die Ritz-Galerkin Approximation $u_h \in V_h$ von Gleichung 3.2 besitze bezüglich dieser die Darstellung

$$u_h = \sum_{i=1}^n u_i B_i$$

Dann lassen sich die Koeffizienten $u_i \in \mathbb{R}$ durch Lösen des Gleichungssystems

$$\sum_{i=1}^n a(B_i, B_k) u_i = \lambda(B_k)$$

für $k = 1, ..., n$ berechnen.

Der Fehler, der bei dieser Approximation entsteht, lässt sich unter Verwendung des Céa-Lemmas [20] sehr schnell angeben, wird im Folgenden jedoch nicht benötigt.
Um das Grundlagenkapitel abzuschließen, soll das Theorem von Lax-Milgram präsentiert werden, das auf die Frage, ob überhaupt eine Lösung $u_h \in V_h$ existiert eine Antwort gibt.

Satz 3.2 (Lax-Milgram)
Sei a eine elliptische Bilinearform und λ ein beschränktes, lineares Funktional auf einem Hilbertraum H, d.h. es existieren Konstanten c_1, c_2, C mit

- $|a(u,v)| \leq c_1 ||u||_H ||v||_H$

- $c_2 ||u||_H^2 \leq a(u,u)$

- $|\lambda(u)| \leq C ||u||_H$

wobei $|| \cdot ||_H$ die Norm auf H darstellt.

Fortsetzung von Satz 3.2
Dann besitzt das Variationsproblem

$$a(u, v) = \lambda(v), \qquad \forall v \in V$$

eine eindeutige Lösung $u \in V$ für jeden abgeschlossenen Unterraum $V \subset H$. Ist a zusätzlich symmetrisch, d.h. $\forall_{u,v \in H}\ a(u,v) = a(v,u)$, so ist die Lösung $u \in V$ als das Minimum von

$$Q(u) = \frac{1}{2}a(u, u) - \lambda(u)$$

auf V charakterisiert.

Für den Beweis werden einige grundlegende Sätze aus der Funktionalanalysis, wie der Rieszsche Darstellungssatz, benötigt, daher wird an dieser Stelle auf passende Literatur verwiesen [2].

3.2 Lamé-Navier-Gleichungen

Die Lamé-Navier Gleichungen bilden eine Grundlage für die Berechnung der Auslenkung eines elastischen Bauteils unter Kräften. Im Laufe der Herleitung der Gleichungen für ein allgemeines Modellproblem ergeben sich zudem alle notwendigen Hilfsmittel für den Einsatz eines Finite-Elemente-Verfahrens.

Sei $\overline{D} \subset \mathbb{R}^3$ ein elastisches Modellvolumen, beispielsweise eine Brücke mit einem Schnitt, wie er in Abbildung 3.1 dargestellt ist. Ein bestimmter Teil des Randes $\Gamma \subset \partial D$ ist fest und somit findet hier keinerlei Verschiebung statt. Auf den restlichen Teil des Randes $\partial D \backslash \Gamma$ wirkt eine Kraft $g = (g_1, g_2, g_3)$, im Fall der Brücke könnten dies beispielsweise darüberfahrende Autos sein, und auf D selber wirkt eine Volumenkraft $f = (f_1, f_2, f_3)$, wie z.B. die Gewichts- oder Zentrifugalkraft. Unter diesen gegebenen Voraussetzungen ist die Auslenkung des Volumens $u(x) \in \mathbb{R}^3$ für $x \in D$ gesucht.

Die dahinter liegenden physikalischen Grundsätze liefern als Ansatzpunkt, dass die ge-

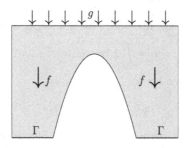

Abbildung 3.1: Schnitt einer Brücke, die mehreren Kräften ausgesetzt ist

suchte Lösung das Energiefunktional

$$Q(u) = \frac{1}{2} \int_D \sigma(u) : \varepsilon(u) - \int_D fu - \int_{\partial D \backslash \Gamma} gu \qquad (3.3)$$

unter allen möglichen Verschiebungen $u = (u_1, u_2, u_3) \in H_\Gamma(D)$ minimiert.
An dieser Stelle soll lediglich ein allgemeiner Hilbertraum H verwendet werden. Eine
genaue Spezifikation über die Wahl von H würde zu weiteren Definitionen und Sätzen
führen, die mit dem eigentlichen Hauptteil der Arbeit nichts zu tun haben. Für den in-
teressierten Leser ist anzumerken, dass an dieser Stelle das dreifache kartesische Produkt
des Sobolevraumes $W_\Gamma^{1,2}(D)$ verwendet wird.
Das tiefgestellte Γ symbolisiert, dass nur Funktionen in H betrachtet werden, die auf Γ
verschwinden. Diese natürliche Randbedingung vereinfacht das Auffinden einer Lösung in
dem Sinne, dass die Randbedingung von allen Funktionen des Ansatzraumes erfüllt werden und keinerlei zusätzlichen Überlegungen bezüglich der Einhaltung von diesen getätigt
werden müssen.
Genaueres über die Herleitung des Energiefunktionals 3.3 kann beispielsweise in [27] nachgelesen werden, für die weiteren Berechnungen sind vielmehr die Definitionen von ε, σ und
$\sigma : \varepsilon$ wichtig. In den ersten beiden Fällen handelt es sich jeweils um eine 3×3 Matrix mit
den Einträgen

$$\varepsilon_{k,l}(u) = \frac{1}{2}(\partial_k u_l + \partial_k u_k) \qquad (3.4)$$

$$\sigma_{k,l}(u) = \lambda \, \text{trace}(\varepsilon(u)) \, \delta_{k,l} + 2\mu \varepsilon_{k,l}(u) \qquad (3.5)$$

ε ist der sogenannte **Dehnungstensor** mit $\text{trace}(\varepsilon) = \varepsilon_{1,1} + \varepsilon_{2,2} + \varepsilon_{3,3}$ und σ der **Spannungstensor**. Bei den Konstanten λ und μ handelt es sich um die **Lamé-Konstanten**,
die materialabhängig sind und in entsprechenden Tabellen nachgeschlagen werden können. Mit der Notation $\sigma : \varepsilon$ wird die komponentenweise Multiplikation und anschließendes
Aufsummieren aller Einträge der Matrizen abgekürzt:

$$\sigma : \varepsilon = \sum_{k,l=1}^{3} \sigma_{k,l} \varepsilon_{k,l}$$

Nachdem die nötigen Notationen geklärt sind, ist darauf hinzuweisen, dass das Energiefunktional 3.3 in eine Form gebracht werden kann, wie sie im Satz von Lax-Milgram zu
finden ist. Durch eine einzeilige Rechnung lässt sich zeigen, dass

$$\int_D \sigma(u) : \varepsilon(u) = \int_D \lambda(\text{trace}(\varepsilon(u)))^2 + 2\mu \varepsilon(u) : \varepsilon(u)$$

gilt und somit handelt es sich bei

$$a(u, v) = \int_D \sigma(u) : \varepsilon(v)$$

um eine symmetrische Bilinearform. Der Nachweis der Elliptizität benötigt zum einen eine
zusätzliche Normdefinition, als auch einige Ungleichungen aus der Funktionalanalysis, wie
die Poincaré-Friedrichs Ungleichung oder die Ungleichung von Korn, und soll daher an
dieser Stelle ausgelassen werden (siehe z.B. [20]). Unter Annahme, dass dies gezeigt wurde,
liefert das Theorem von Lax-Milgram direkt die eindeutige Lösbarkeit.

Satz 3.3 (Elastizitätsproblem)
Das Variationsproblem mit der Bilinearform

$$a(u,v) = \int_D \sigma(u) : \varepsilon(v)$$

und dem linearen Funktional

$$\lambda(v) = \int_D fv + \int_{\partial D \backslash \Gamma} gv$$

besitzt für quadratintegrierbare Funktionen f und g eine eindeutige Lösung
$u = (u_1, u_2, u_3) \in H_\Gamma(D)$.

Mit diesen hergeleiteten Ausdrücken lässt sich, wie im Kapitel über die Grundlagen beschrieben, ein Finite-Elemente-Verfahren durchführen. Dieses soll für den Moment zurückgestellt werden und im späteren Kapitel 3.4 zusammen mit den getätigten Anpassungen an der Implementierung genauer betrachtet werden.
Der Abschluss diesen Kapitels bildet die Angabe der Differentialgleichung, die schlussendlich der linearen Elastizität zu Grund liegt. Aus der Gleichung

$$a(u,v) = \lambda(v)$$

und der Tatsache, dass u und v auf Γ verschwinden, kann durch partielle Integration und verwenden der Symmetrie von σ hergeleitet werden, dass u die **Lamé-Navier Gleichungen**

$$-\text{div}\,\sigma(u) = f \text{ in } D$$
$$u = 0 \text{ auf } \Gamma$$
$$\sigma(u)\xi = g \text{ auf } \partial D \backslash \Gamma$$

erfüllt, wobei ξ der äußere Normalenvektor von ∂D ist.

3.3 Spezialfall: Ebener Dehnungs- und Spannungszustand

Um die Theorie über die lineare Elastizität abzuschließen, werden zwei häufig auftretende Spezialfälle betrachtet. Zusätzlich spielen diese bei der Verwendung der FEMB-Toolbox und damit in den späteren Überlegungen eine größere Rolle als der allgemeine Fall.
Grundlegend lässt sich sagen, dass in beiden Fällen lediglich ein $2D$-Schnitt des Bauteils betrachtet wird, da in der nichtmodellierten Koordinatenrichtung entweder der ε- oder σ-Tensor verschwindet.

3.3.1 Ebener Dehnungszustand

Für den ebenen Dehnungszustand wird ein Schnitt des Bauteils mit der $x - y-$Ebene betrachtet und von einer konstanten Fortsetzung in die $z-$Richtung ausgegangen, wobei

zur Erreichung dieser und der folgenden Eigenschaft das Bauteil gedreht werden kann. Zusätzlich besitzen die wirkenden Kräften keinerlei $z-$Komponente, so dass wie der Name schon aussagt, keine Dehnung in die nichtmodellierte z-Richtung entsteht, lediglich eine durch Querkontraktion entstehende Spannung [15]. Somit gilt für die entsprechende Komponente der Lösung $u_3(x_1, x_2) = 0$.
Wie im einleitenden Text beschrieben, handelt es sich hierbei um den Fall

$$\varepsilon_{3,l} = \varepsilon_{l,3} = 0, \qquad l = 1,2,3$$

und damit folgt aus Gleichung 3.5 für den Spannungstensor

$$\begin{pmatrix} \sigma_{1,1} & \sigma_{1,2} & 0 \\ \sigma_{2,1} & \sigma_{2,2} & 0 \\ 0 & 0 & \sigma_{3,3} \end{pmatrix} = \lambda(\varepsilon_{1,1} + \varepsilon_{2,2}) \begin{pmatrix} 1 & 0 & 0 \\ 0 & 1 & 0 \\ 0 & 0 & 1 \end{pmatrix} + 2\mu \begin{pmatrix} \varepsilon_{1,1} & \varepsilon_{1,2} & 0 \\ \varepsilon_{2,1} & \varepsilon_{2,2} & 0 \\ 0 & 0 & 0 \end{pmatrix}$$

Insbesondere wird wegen $\varepsilon_{3,3} = 0$ der Eintrag $\sigma_{3,3}$ nicht für die Berechnung von $\sigma : \varepsilon$ benötigt, so dass unter Verwendung der Symmetrie die beiden Tensoren zu

$$\underline{\varepsilon} = (\varepsilon_{1,1}, \varepsilon_{2,2}, \varepsilon_{1,2}), \quad \underline{\sigma} = (\sigma_{1,1}, \sigma_{2,2}, \sigma_{1,2})$$

serialisiert werden können. Durch eine letzte Vereinfachung ergibt sich eine schöne Beziehung zwischen $\underline{\sigma}$ und $\underline{\varepsilon}$, mit deren Hilfe der Integrand der Bilinearform für diesen Spezialfall zu einer simplen Matrix-Vektor Multiplikation zusammenfällt. Hierzu werden die Lamé-Konstanten λ und μ durch die Poissonzahl $\nu \in (0, 1/2)$ und das Elastizitätsmodul $E > 0$ ausgedrückt:

$$\lambda = \frac{E\nu}{(1+\nu)(1-2\nu)}, \quad \mu = \frac{E}{2(1+\nu)}$$

Erstere gibt dabei das Verhältnis zwischen Querkontraktion und Dehnung an [15] und das Elastizitätsmodul ist eine materialabhängige Konstante, die den Widerstand des Materials gegenüber einer Dehnung beschreibt.
Zusammen mit diesen Beziehungen erhält man

$$\underline{\sigma} = Q_{\text{Dehnung}}\underline{\varepsilon} = \frac{E}{(1+\nu)(1-2\nu)} \begin{pmatrix} 1-\nu & \nu & 0 \\ \nu & 1-\nu & 0 \\ 0 & 0 & 1-2\nu \end{pmatrix} \underline{\varepsilon}$$

Satz 3.3 liefert mit den bisher hergeleiteten Vereinfachungen die Berechnung der Lösung für den Spezialfall des ebenen Dehnungszustand.

Satz 3.4 (ebener Dehnungszustand)
Für quadratintegrierbare Kräfte f und g in der $x - y-$Ebene, die auf die Querschnittsfläche $D \subset \mathbb{R}^2$ eines elastischen Objektes, wie es oben beschrieben wurde, wirken, ist der Verschiebungsvektor

$$u = (u_1, u_2) \in H_\Gamma(D)$$

bestimmt durch

$$\int_D \underline{\varepsilon}'(u) Q_{\text{Dehnung}}\underline{\varepsilon}(v) = \int_D fv + \int_{\partial D \setminus \Gamma} gv, \quad \forall \, v \in H_\Gamma(D)$$

mit $\underline{\varepsilon}' = (\varepsilon_{1,1}, \varepsilon_{2,2}, 2\varepsilon_{1,2})$.

Die letzte Modifikation stammt aus dem doppelten Auftreten von $\sigma_{1,2}\varepsilon_{1,2}$ in $\sigma : \varepsilon$.
Ein repräsentatives Beispiel für diesen Fall ist eine Brücke, die der normalisierten Gewichtskraft ausgesetzt ist. Diese ist eine Volumenkraft und wird daher durch f dargestellt.
Existiert keinerlei Randkraft, d.h. es fährt kein Auto über die Brücke, erhält man eine wie in Abbildung 3.2 dargestellte Verschiebung.

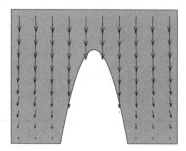

Abbildung 3.2: Verschiebung einer der Gewichtskraft ausgesetzten Brücke

3.3.2 Ebener Spannungszustand

Der zweite Spezialfall lässt sich analog zum ersten behandeln. Anstatt dem Dehnungstensor besitzt nun der Spannungstensor σ verschwindende Einträge

$$\sigma_{3,l} = \sigma_{l,3} = 0, \qquad l = 1, 2, 3$$

Folglich existiert keine Spannung in die nichtmodellierte Koordinatenrichtung, lediglich eine Verschiebung $u_3(x)$. Diese lässt sich recht schnell aus $\varepsilon_{3,3}$ durch Integration bezüglich x_3 berechnen:

$$\varepsilon_{3,3} = \partial_3 u_3(x) \iff u_3(x) = \varepsilon_{3,3}x_3$$

Mit der Voraussetzung $\sigma_{3,3} = 0$ ergibt sich $\varepsilon_{3,3}$ unter Zuhilfenahme von Gleichung 3.5 :

$$\varepsilon_{3,3} = -\frac{\lambda}{\lambda + 2\mu}(\varepsilon_{1,1} + \varepsilon_{2,2})$$

Außerdem folgt mit derselben Gleichung

$$\varepsilon_{1,3} = \varepsilon_{3,1} = 0$$
$$\varepsilon_{2,3} = \varepsilon_{3,2} = 0$$

Somit kann wie im ersten Fall eine Vereinfachung auf $\underline{\varepsilon}$ und $\underline{\sigma}$ durchgeführt werden. Die hergeleitete Formel für $\varepsilon_{3,3}$ im Zusammenspiel mit der Verwendung der Poissonzahl und des Elastizitätsmoduls ergibt

$$\underline{\sigma} = Q_{Spannung}\underline{\varepsilon} = \frac{E}{1 - \nu^2}\begin{pmatrix} 1 & \nu & 0 \\ \nu & 1 & 0 \\ 0 & 0 & 1 - \nu \end{pmatrix}\underline{\varepsilon}$$

Der folgende Satz über die Berechnung der Verschiebung u ist derselbe wie im Fall der Dehnung, soll aber der Vollständigkeit halber aufgeführt werden.

Satz 3.5 (ebener Spannungszustand)
Für quadratintegrierbare Kräfte f und g in der $x - y-$Ebene, die auf die Querschnitts-fläche $D \subset \mathbb{R}^2$ eines elastischen Objektes wirken, ist der Verschiebungsvektor

$$u = (u_1, u_2) \in H_\Gamma(D)$$

bestimmt durch

$$\int_D \underline{\varepsilon}'(u) Q_{Spannung} \underline{\varepsilon}(v) = \int_D fv + \int_{\partial D \backslash \Gamma} gv, \quad \forall\, v \in H_\Gamma(D)$$

mit $\underline{\varepsilon}' = (\varepsilon_{1,1}, \varepsilon_{2,2}, 2\varepsilon_{1,2})$.

Ein Beispiel für diesen Spezialfall ist eine der Zentrifugalkraft ausgesetzte, rotierende Scheibe, wie sie in Abbildung 3.3 zu sehen ist. Dabei ist sie an der mit einem Loch ge-

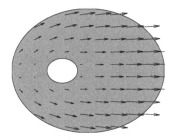

Abbildung 3.3: Verschiebung einer der Zentrifugalkraft ausgesetzten Scheibe

kennzeichneten Fläche befestigt, welches somit als Rotationszentrum dient. An den Pfeilen lässt sich die Verschiebung der Scheibe erkennen, die genau dem Ergebnis entspricht, das erwartet wird, wenn sich eine Scheibe um einen Punkt dreht, der nicht der Mittelpunkt ist. Bei einer Befestigung an diesem würde eine konzentrische Verschiebung nach außen stattfinden, hier erfolgt sie an der vom Drehzentrum entferntest gelegenen Seite.

3.4   Finite-Elemente Approximiation

Nach der Herleitung des Problems der linearen Elastizität mit den zwei Spezialfällen soll das folgende Kapitel die Berechnung einer approximativen Lösung mittels Finite-Elemente-Verfahren vorstellen. Zusätzlich wird auf die Umsetzung dieses Verfahrens in der verwendeten Toolbox und auf die Modifikation ebendieser eingegangen.

3.4.1 Finite-Elemente mit gewichteten B-Splines

Zunächst soll der allgemeine Fall der linearen Elastizität behandelt werden, die Spezialfälle lassen sich mit der entsprechenden Bilinearform und einer Dimensionen weniger analog lösen.

Sei das Bauteil durch ein Gebiet $D \subset \mathbb{R}^3$ beschrieben und w eine Gewichtsfunktion, die auf dem Randstück $\Gamma \subset \partial D$ verschwindet und auf dem restlichen Gebiet ein konstantes Vorzeichen besitzt. Mit Hilfe dieser Gewichtsfunktion ist es möglich den in Kapitel 2.3 eingeführten gewichteten Spline-Raum als Finite-Elemente-Raum zu verwenden. Alle Funktionen im Raum $w\mathbb{B}_h^n(D)$ besitzen die Eigenschaft, dass sie auf Γ verschwinden und gleichzeitig ist der Raum nach Konstruktion endlichdimensional mit den gewichteten B-Splines $wb_{k,h}^n$ als Basis. Der Beweis der linearen Unabhängigkeit argumentiert über die Darstellbarkeit von Polynomen durch B-Splines (Marsden-Identität) und die Tatsache, dass nur eine bestimmte Anzahl an B-Splines in einem Punkt bzw. einer Gitterzelle nicht verschwinden. In der Tat ist der so definierte Raum fast ein endlichdimensionaler Unterraum von $H_\Gamma(D)$ und erfüllt alle Voraussetzungen für ein Finite-Elemente Funktionenraum.

Eine letzte Anpassung ist zu tätigen, da ein gewichteter Spline im Bildraum lediglich eine Komponente besitzt, für die Lösung der linearen Elastizität sind jedoch drei, bzw. zwei im Spezialfall, nötig. Aus diesem Grund wird jede Komponente u_ν der Lösungsfunktion u durch

$$(u_h)_\nu = \sum_{i \in I} u_{i,\nu} B_i$$

approximiert. Hierbei wurde aufgrund der vielen Indizes der gewichteten B-Splines die allgemeine Notation für Basisfunktionen aus dem Grundlagenkapitel übernommen, die B_i sind jedoch mit den entsprechenden gewichteten B-Splines zu ersetzen.

Anstatt mehrere Approximationen durchzuführen, erfolgt eine Erweiterung der Ansatzfunktionen zu

$$B_{i,1} = (B_i, 0, 0), \; B_{i,2} = (0, B_i, 0), \; B_{i,3} = (0, 0, B_i)$$

und es gilt damit

$$u_h = \sum_{i,\nu} u_{i,\nu} B'_{i,\nu}$$

Diese Erweiterung führt dazu, dass jedes Paar (B_i, B_k) an Basisfunktionen einen 3×3-Block in der Matrix für die Berechnung der Koeffizienten $u_{i,\nu}$ hervorruft und entsprechend ergeben sich auf der rechten Seite drei Einträge für B_k anstatt des üblichen einen. Die Einträge des Blocks sind gegeben durch

$$a(B_{i,\nu}, B_{k,l}) = \int_D \sigma(B_{i,\nu}) : \varepsilon(B_{k,l}), \qquad 1 \le l, \nu \le 3$$

beziehungsweise für die rechte Seite

$$\lambda(B_{k,l}) = \int_D f_l B_k + \int_{\partial D \setminus \Gamma} g_l B_k, \qquad l = 1, 2, 3$$

Wie man sich leicht überlegen kann, ruft die Struktur von $B_{i,\nu}$ einige verschwindende Einträge im $\varepsilon-$ bzw. $\sigma-$Tensor hervor, so dass sich die Berechnung von $\sigma(B_{i,\nu}) : \varepsilon(B_{k,l})$

stark vereinfacht.
In den Spezialfällen wird diese durch die Matrix-Vektor-Multiplikation, wie sie im Satz
über den ebenen Dehnungs- bzw. Spannungszustand beschrieben ist, ersetzt.

3.4.2 Implementierung

In diesem Unterkapitel sollen einige Aspekte der Implementierung des oben beschriebenen
Finite-Elemente-Verfahrens mit gewichteten B-Splines vorgestellt werden. Diese sind zum
einen für die Erläuterungen der Modifikationen der Programme notwendig, als auch zur
Bedienung der implementierten Routinen.
Die Grundlage bilden zwei Gewichtsfunktionen, einerseits wird eine vorzeichenbehaftete
Gewichtsfunktion wD zur Modellierung des Gebiets benötigt und anderseits eine Gewichtsfunktion w zur Beschreibung der wesentlichen Randbedingungen auf $\Gamma \subset \partial D$. Mit Hilfe
einer implementierten B-Spline Routine ist es somit kein Problem die Funktionen $wb_{k,h}^n$
auszuwerten.
Für das Aufstellen der Matrix zur Berechnung der Koeffizienten gibt es verschiedene Vor-
gehensweisen. Zum einen kann für jede mögliche Kombination aus zwei Basisfunktionen
die zugehörigen Einträge erzeugt werden. Damit ergibt sich allerdings eine extrem schlechte Laufzeit, so dass eine verbesserte Variante verwendet wird. Hierbei wird ausgenutzt,
dass die Matrixeinträge durch Integrale definiert werden und diese wiederum additiv bezüglich des Integrationsgebietes sind. Somit wird ausgehend von der Nullmatrix für jede
Zelle des Gebiets der Beitrag zu den Einträgen berechnet, deren zugehörige Basisfunktionen die Zelle als Teil des gemeinsamen Trägers besitzen. Die Berechnung der rechten
Seite wird dabei an einer günstigen Stelle angefügt, so dass sich der folgende Ablauf
ergibt. Dabei wurde noch nicht auf die speziellen Basisfunktionen bei der linearen Elastizität eingegangen; es handelt sich um allgemeine gewichtete B-Splines $wb_{k,h}^n$ (abgekürzt
mit wb_k)

Algorithmus 3.1
Berechnung der Matrix G und rechten Seite F für ein Gebiet $D \subset \mathbb{R}^d$ und Gitterweite
$h > 0$, mit a_Q, λ_Q den Einschränkungen von a, λ auf die Zelle Q

$G = 0, F = 0$
for $Q = \alpha h + [0,1]^d h$ *mit* $Q \cap D \neq \emptyset$
    for $k \in \alpha - \{0, ..., n\}^d$
        $F_k = F_k + \lambda_Q(wb_k)$
        for $l \in \alpha - \{0, ..., n\}^d$
            $G_{k,l} = G_{k,l} + a_Q(wb_l, wb_k)$
        end
    end
end

Die Grenzen der Schleifen folgen aus der Eigenschaft von B-Splines, dass zwei von ihnen
nur im Fall $k - l \in \{-n, ..., -n\}^d$ mindestens eine gemeinsame Trägerzelle besitzen.
Für die Berechnung der Integrale wird eine Gauß-Quadratur verwendet, wofür die Gewichtsfunktion, welche das Gebiet beschreibt, notwendig ist. Anhand der Klassifikation
der Gitterzellen wie sie in Kapitel 2.3 vorgestellt wurde, kann entschieden werden, ob alle

Gauß-Koeffizienten verschwinden (äußere Zelle) oder ob bereits gespeicherte Integrationspunkte für ein Standardquadrat, die lediglich auf die Zellgröße skaliert werden, verwendet werden (innere Zelle). Bei einer Randzelle wird mit Hilfe der Schnitte der Gewichtsfunktion mit dem Rand der Zelle und den Extremstellen der Gewichtsfunktion eine Unterteilung in glatt deformierte Quader durchgeführt [20], so dass durch Transformation der gespeicherten Gauß-Parameter die Integration auf dem Schnitt der Randzelle mit dem Gebiet möglich ist.

Aus obiger Beschreibung geht hervor, dass lediglich Flächen- bzw. Volumenintegrale berechnet werden und keine Randintegrale. Aus diesem Grund ist es nicht möglich die auf den Rand wirkende Kraft g in die Berechnung zu integrieren und folglich treten in den verwendeten Beispielen nur Volumenkräfte auf.

Für das anschließende Lösen des Gleichungssystems wird ein vorkonditioniertes CG-Verfahren verwendet [22], welches für folgende Modifikation keinerlei Rolle spielt, da hauptsächlich die Berechnung der Integrationsparameter und das Aufstellen der Matrix verändert wurden.

3.4.3 Modifikation der Implementierung

Die Grundlage dieser Modifikation ist das Vorliegen eines Gebietes D_1, für welches sämtliche Daten des Finite-Elemente-Verfahrens bekannt sind, d.h. gebietsbeschreibende Gewichtsfunktion, Integrationskoeffizienten und -punkte, sowie das komplette Gleichungssystem. Für dieses Gebiet ist die Lösung nicht von Interesse, wohingegen für ein Gebiet D_2, welches durch Änderung des Randes von D_1 entsteht. Natürlich kann dafür das ursprüngliche Verfahren auf ein Neues gestartet werden, jedoch führt die zu einer schlechten Laufzeit.

Diese Modifikationen kommen speziell bei den Spezialfällen der linearen Elastizität zum Einsatz, so dass sich die folgenden Erläuterungen auf diese beziehen. Wie im Anschluss daran dargelegt wird, sind die Änderungen leicht auf den allgemeinen Fall übertragbar. Aus den drei Hauptpunkten des Verfahrens: Integrationsparameter bestimmen, Gleichungssystem aufstellen und dieses lösen, wurden nur die ersten zwei verändert. Für das Lösen des veränderten Gleichungssystems lassen sich keine Vorteile aus einer eventuell schon bekannten Lösung für ein verändertes System schließen. Daher soll zunächst die Bestimmung der Integrationsparameter behandelt werden.

Analog zum Algorithmus für das Aufstellen des Gleichungssystems werden diese Zelle für Zelle bestimmt. Hierbei wird für das Gebiet D_2 versucht möglichst nur die Zellen zu besuchen, bei denen es eine Änderung in den Parametern gegenüber denen für D_1 gibt. Eine erste Beobachtung ist, dass bei Vorlage der Klassifikation der Zellen ausgehend von D_1 alle Randzellen betrachtet werden müssen. Das einfache Beispiel in Abbildung 3.4 zeigt, dass keinerlei Änderung der Zelltypen besteht, jedoch durchaus bei den Integrationsparametern. Aus diesem Grund erzeugt das modifizierte Programm als Ausgangspunkt ein Array mit den Indizes der Randzellen von D_1 und startet mit der Bestimmung der Parameter bezüglich D_2 mit diesen Zellen.

Dieses Array wird im Laufe des Algorithmus mit den Indizes weiterer Zellen, die besucht werden müssen, aufgefüllt. Für jede Randzelle von D_1, die der Algorithmus besucht, werden alle 8 umliegenden Zellen dem Array hinzugefügt, wobei sich diese Zahl verringert, falls die entsprechende Zelle beispielsweise keine rechten Nachbarn besitzt. Es müssen alle

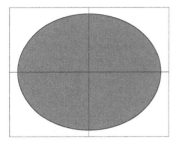 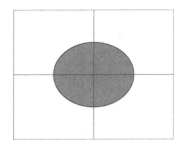

Abbildung 3.4: Gebiet D_1 (links) und D_2 (rechts) mit Zellstruktur

umliegenden Zellen betrachtet werden, da es sich hierbei um die möglichen Zellen handelt, die von einer Änderung betroffen sind.

Trifft der Algorithmus auf eine Zelle, deren neuer Typ ungleich dem alten ist, beispielsweise wurde sie von einer äußeren zu einer inneren Zelle, so werden wiederum die umliegenden Zellen in das Array aufgenommen. Ändert sich der Typ nicht, so wird die nächste Zelle aus dem Array besucht, wobei von dieser Regel Randzellen aus dem oben genannten Grund ausgenommen sind.

Bei diesem Ablauf können durchaus Zellen mehrfach in das Array der zu besuchenden Zellen aufgenommen werden und daher wird zur Verhinderung von Mehrfachrechnungen alle abgearbeiteten Zellen in einem zweiten Array gespeichert.

Algorithmus 3.2
Bestimmung der Integrationsparameter von D_2 ausgehend von D_1

$k \leftarrow$ *Zellindizes der Randzellen von D_1*
visited $\leftarrow \emptyset$
while $k \neq \emptyset$
   $i \leftarrow k[1]$
   $k \leftarrow k \setminus i$
   if $i \in$ *visited* **then** *nächste Runde* **end**
   bestimme neue Parameter für Zelle i
   if *neuer Zelltyp(i)* $\neq$ *alter Zelltyp(i)* $\vee$ *i Randzelle* **then**
      $k \leftarrow k \cup \{8$ *umliegende Zellen von i*$\}$
   end
   visited $\leftarrow$ *visited* $\cup \{i\}$
end

Die Vorgehensweise lässt sich als eine schichtweise Abtastung, im Sinne von Zellen, beschreiben, welche ausgehend vom ursprünglichen Rand nach außen und innen sucht, bis der neue Rand gefunden wurde bzw. keine Änderung mehr vorliegt.

Für die Modifizierung der Assemblierung der Matrix muss zunächst auf die Implementierung von dieser eingegangen werden. Das Programm speichert diese nicht als einfache

Matrix ab, sondern als 6-dimensionales Array (im allgemeinen Fall 8 Dimensionen). Die Größe der einzelnen Dimensionen betragen für B-Splines vom Grad n und für H^2 Gitterzellen [22]

$$(H + n) \times (H + n) \times (2n + 1) \times (2n + 1) \times 2 \times 2$$

Hierbei bilden die ersten zwei Dimensionen einen zweidimensionalen Multiindex $k = (k_1, k_2)$ für den B-Spline $b^n_{k,h}$, die nächsten zwei Einträge $l = (l_1, l_2)$ korrespondieren mit einem B-Spline, der mit ersterem mindestens eine gemeinsame Zelle im Träger besitzt und die letzten Dimensionen geben an, in welcher Komponente des Basisvektors die B-Splines stehen. Alles in allem ist der Eintrag $(k_1, k_2, s_1, s_2, i, j)$ gegeben durch

$$a(e_i w b^n_{(k_1,k_2),h}, e_j w b^n_{(l_1,l_2),h}), \qquad l_m = s_m + k_m - n - 1$$

mit $m = 1, 2$ und dem Einheitsvektor $e_i \in \mathbb{R}^2$. Analog besitzt die rechte Seite die Dimensionen

$$(H + n) \times (H + n) \times 2$$

mit der Berechnung des Eintrags (k_1, k_2, i) durch

$$\int_D f_i w b^n_{(k_1,k_2),h}$$

Wie in Algorithmus 3.1 beschrieben, werden die Einträge mit eine Schleife über die Gitterzellen und Summieren der Beiträge erzeugt. Somit müssen wie in der ersten Modifikation nur die Beiträge von Zellen berücksichtigt werden, die von einer Änderung betroffen sind. Dies sind wiederum alle Randzellen von D_2 und sämtliche Zellen, deren Typ sich für Gebiet D_2 von dem für Gebiet D_1 unterscheidet. Zu diesem Zeitpunkt sind beide Klassifikationen bekannt, so dass es ein leichtes ist alle diese Zellen herauszufiltern. Das Problem liegt in der Tatsache, dass in der vorliegenden Matrix für D_1 sämtliche Beiträge der Zellen schon aufsummiert sind und nicht erkennbar ist welcher Beitrag von welcher Zelle stammt.

Zunächst wurde an einer Variante gearbeitet, die diese Beiträge neu ausrechnet, abzieht und die neuen hinzu addiert. Wie man sich leicht überlegen kann, führt dies bei einer Änderung für die Hälfte der Zellen zu einer ähnlichen Laufzeit wie bei einer vollständigen Neuberechnung.

Stattdessen werden die Arrays um zusätzliche Dimensionen erweitert. Dies hat zwar eine größere Speicherbelastung zur Folge, führt aber zu einem enormen Zeitgewinn, wie am Ende von Kapitel 5 zu sehen ist. Die zusätzlichen Einträge werden genutzt, um die Beiträge der einzelnen Zellen für den Eintrag zu speichern, anstatt wie bisher eine Summation durchzuführen. Damit ist das Problem nicht zu wissen welchen Beitrag eine Zelle liefert, beseitigt und es kann für jede Zelle, die sich ändert, der neue Beitrag ausgerechnet werden und entsprechend gespeichert werden.

Für diese Vorgehensweise sind zwei zusätzliche Routinen nötig, erstere erzeugt für das Gebiet D_1 eine solch komplette Matrix und ist somit eine Variante des modifizierten Algorithmus, welche auf allen Zellen operiert. Die zweite Routine spielt für die Berechnung einer Lösung eine wichtige Rolle: Um eine Matrix, wie sie in der ursprünglichen Variante vorkommt, zu erhalten, muss die Summation, die herausgestrichen wurde, wieder durchgeführt werden. Hierfür bietet MATLAB mit sum einen einfachen Befehl, der über die hinzugefügten Dimensionen summiert und sie somit eliminiert.

Die Arrays für die Matrix und die rechte Seite werden jeweils um zwei Dimensionen der

Größe $n+1$ erweitert. Für die rechte Seite ist dies klar, da es gerade einen Eintrag für jede Zelle des Trägers aus $(n+1)^2$ vielen Zellen gibt. Bei dem Array für das Gleichungssystem entsprechen die Indizes der letzten beiden Einträge den Trägerzellen des B-Splines, der zu den ersten zwei Einträgen korrespondiert. Aus der Darstellung der Bilinearform folgt, dass nur bei nicht leerem Schnitt der Träger von zwei B-Splines ein nicht verschwindender Eintrag entsteht. Dieser Schnitt kann höchstens der komplette Träger einer der beiden Funktionen sein, in diesem Fall, der ersten.

Nachdem die Spezialfälle behandelt wurden, lässt sich an dieser Stelle leicht die Verallgemeinerung auf den allgemeinen Fall der linearen Elastizität formulieren. Liegt ein Gebiet $D \subset \mathbb{R}^3$ vor, so müssen statt 8 umliegender Trägerzellen 26 abgesucht werden und die Arrays müssen entsprechend um 3 Dimensionen erweitert werden.

Um den Ergebnissen des allerletzten Kapitels vorweg zugreifen, ergibt sich bei der Verwendung der oben beschriebenen Varianten erst bei einer größeren Anzahl an Zellen ein vernünftiger Vorteil beim Bestimmen der Integrationsparameter. Dies besitzt den Hintergrund, dass bei wenig Zellen durch die Hinzunahme von 8 umliegenden Zellen sehr schnell fast alle angeschaut werden. Dagegen ist der Geschwindigkeitsvorteil beim Aufstellen der Matrix mit teilweise 80 % enorm.

Kapitel 4

Optimierungsverfahren

Das Ziel dieses Kapitels ist die Vorstellung der verschiedenen Optimierungsansätze, welche für diese Arbeit benötigt werden. Zunächst wird in Kapitel 4.1 auf ableitungsfreie Optimierungsverfahren für nichtlineare Funktionen eingegangen. Hierbei ist vor allem der Aspekt »ableitungsfrei« hervorzuheben, denn für die verwendete Zielfunktion (die maximale Belastung auf dem Bauteil für bestimmte Parameter) ist es nicht möglich genaue Ableitungen zu bestimmen. Als Vergleich bzw. zur Validierung der Ergebnisse der Verfahren aus dem ersten Kapitel wurde die Optimierungstoolbox von MATLAB hinzugezogen. Diese minimiert mit der Hilfe von durch den Benutzer angegebene Gradienten oder durch das Bilden von Finiten Differenzen [4]. Aus diesem Grund widmet sich Kapitel 4.2 der Optimierung mit MATLAB. Das Hauptaugenmerk liegt allerdings auf der ableitungsfreien Optimierung, so dass dieses Kapitel nur die wichtigsten Punkte behandeln wird. Im letzten Kapitel 4.3 wird mit der Verknüpfung von Optimierungsverfahren und Finite-Elemente-Toolbox einer der wichtigsten Punkt der Arbeit vorgestellt.

4.1 ableitungsfreie Optimierungsverfahren

Innerhalb diesen Unterkapitels werden zwei verschiedene Verfahren zur Lösung des Problems

$$\min_{x \in E} \ f(x)$$
$$\text{s.d.} \quad g(x) = 0$$

behandelt, wobei $E \subseteq \mathbb{R}^d$ die Menge der zulässigen Variablen darstellt. Die Funktion f charakterisiert dabei die maximale Belastung auf einem Bauteil, bei dem bestimmte Parameter variabel sind und jedes $x \in E$ eine Wahl von diesen repräsentiert. Aus diesem Grund ist die Dimension d gerade die Anzahl der Parameter, die die Form des Bauteils bestimmen. Die Nebenbedingung $g(x)$ entspricht der Material- bzw. Flächenbedingung, d.h. für eine vorgegebene Fläche A ist

$$g(x) = \text{area}(x) - A$$

mit area(x) der Fläche des Bauteils für die Parameter $x = (x_1, ..., x_d)$.

4.1.1   Verfahren von Nelder und Mead

Eines der wichtigsten und auch noch heute genutzten Verfahren ist die von J. A. Nelder
und R. Mead 1965 [33] entwickelte Simplex Methode. Diese ist zunächst nur zur Minimierung einer nichtlinearen Funktion mehrerer Variablen mit $E = \mathbb{R}^d$ und ohne Nebenbedingung gedacht. Nach der Vorstellung des Verfahrens wird eine Möglichkeit beschrieben,
wie das Verfahren modifiziert werden kann, falls es sich bei E um einen d-dimensionaler
Quader handelt, wie er auch in Formoptimierung vorkommt. Als letztes wird untersucht,
wie die Nebenbedingung mit der Simplex Methode verknüpft werden kann.

Das im Folgenden beschriebene Verfahren entspricht der ursprünglichen Variante, es finden sich jedoch auch zahlreiche leicht modifizierte Varianten, wie beispielsweise im Buch
über strukturelle Optimierung von R. T. Haftka und Z. Gürdal [17] oder in *Optimization
concepts and applications in engineering* von A. D. Belegundu and T. R. Chandrupatlav
[5]. Diese wurden aufgrund ausführlicherer Beschreibungen vor allem bei der Implementierung hinzugezogen.

Das Verfahren

Das Simplex Verfahren benutzt, wie der Name schon sagt, einen Simplex, d.h. die konve-
xe Hülle von $d + 1$ affin unabhängigen Punkten im $\mathbb{R}^d$, der durch bestimmte Vorschriften
solange verändert wird, bis er klein genug ist und das Minimum »umschließt«.
Der Ablauf wird durch das Flussdiagramm in Abbildung 4.1 aufgezeigt und im Folgenden
soll auf die einzelnen Schritte genauer eingegangen werden.
Für die Konstruktion des Initialsimplex wird sowohl ein Startpunkt x_0 als auch die Kantenlänge C benötigt. Mit diesen zwei Voraussetzungen erzeugt man zunächst einen Simplex, der den Ursprung als Ecke und Kantenlänge C besitzt. Dies geschieht durch die
Punkte $x_i = (b, ..., b, a, b, .., b)$ mit a an i-ter Stelle für $i = 1, ..., d$ und

$$b = \frac{C}{d\sqrt{2}}(\sqrt{d+1} - 1)$$

$$a = b + \frac{C}{\sqrt{2}}$$

Addiert man x_0 zu jedem Punkt hinzu, wobei $x_{d+1} = 0 \in \mathbb{R}^d$ gilt, erhält man das gewünschte Ergebnis. Im nächsten Schritt bestimmt man x_h, x_s und x_l durch

- x_h Ecke mit dem größten Funktionswert

- x_s Ecke mit dem zweitgrößten Funktionswert

- x_l Ecke mit den kleinsten Funktionswert

und den entsprechenden Funktionswerten f_h, f_s und f_l. Anschließend wird der Mittelpunkt
$\overline{x}$ aller Ecken ausgenommen x_h berechnet, d.h.

$$\overline{x} = \frac{1}{d}\sum_{i=1}^{d+1} x_i \qquad i \neq h$$

Mit Hilfe des gerade erzeugten Punktes kann auf der Strecke zwischen $\overline{x}$ und x_h durch
»**reflection**« $x_r = \overline{x} + \alpha(\overline{x} - x_h)$ eine mögliche neue Ecke berechnet werden. Hierfür ist

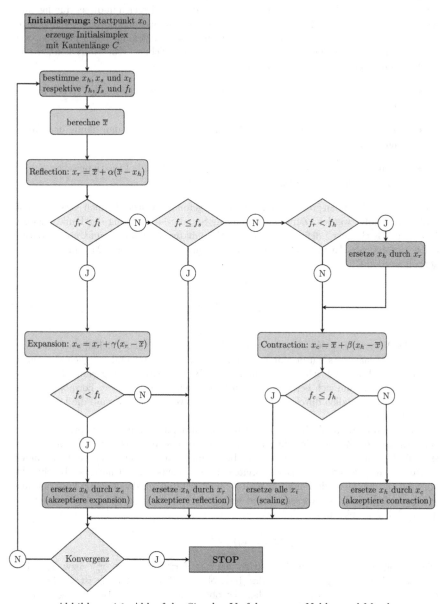

Abbildung 4.1: Ablauf des Simplex Verfahrens von Nelder und Mead

ein Parameter α notwendig, für den die Originalarbeit den Wert 1 vorschlägt, wobei Untersuchungen zur Wahl der Parameter bei verschiedenen Beispielen in dieser durchgeführt wurden. Im Anschluss erfolgt der Weg durch den Algorithmus anhand von verschiedensten Abfragen, die zum Ziel haben, in jeder Runde die Ecke mit dem höchsten Funktionswert durch einen Punkt mit einem niedrigerem zu ersetzen. Neben »reflection« können noch die folgenden Operationen durchgeführt werden

- »**expansion**« $x_e = \overline{x} + \gamma(x_r - \overline{x})$ mit Parameter γ, für den häufig der Wert 2 benutzt wird

- »**contraction**« $x_c = x_r + \beta(x_h - \overline{x})$ mit Parameter β, für den häufig der Wert $\frac{1}{2}$ benutzt wird

- »**scaling**« $x_i = x_i + \frac{1}{2}(x_l - x_i)$ für $i = 1, ..., d+1$, d.h. alle Punkte bewegen sich auf den Punkt mit dem niedrigsten Funktionswert zu

Für den abschließenden Test, ob ein Minimum gefunden wurde, können verschiedenste Kriterien benutzt werden. Zum einen kann die Standardabweichung der Funktionswerte (wie sie in Gleichung 4.1 definiert ist) an den Eckpunkten des Simplex auf Unterschreitung einer vorgegebenen Toleranzschranke ε (ein Vorschlag von Nelder und Mead ist $\varepsilon = 10^{-8}$) geprüft werden [5].

$$\sigma = \sqrt{\frac{1}{d+1} \sum_{i=1}^{d+1} (f_i - \overline{f})^2} \qquad (4.1)$$

Statt der Verwendung des Mittelwertes $\overline{f}$ wird in der Originalarbeit [33] auch der Wert $f(\overline{x})$ vorgeschlagen. Es wurde mit beiden Varianten gearbeitet und lediglich die Anzahl der durchgeführten Schritte variiert minimal, z.B. 1 Schritt bei insgesamt 35 durchgeführten. Jedoch kann sich bei komplexeren Funktionen, wie sie bei der Formoptimierung vorliegen, die zusätzlich durchgeführte Funktionsauswertung negativ auf die Laufzeit des Algorithmus auswirken.

Das bisher vorgestellte Verfahren besitzt für die Anwendung in der Formoptimierung den Nachteil, dass die Zielfunktion für alle $x \in \mathbb{R}^d$ auswertbar sein muss. In vielen Situationen sind die Optimierungsparameter auf ein bestimmtes Intervall eingeschränkt, da andere Werte keinen Sinn ergeben (z.b. die Breite eines Brückenbogens ist natürlich beschränkt) oder die zu minimierende Funktion besitzt Singularitäten, an denen keine Funktionsauswertung möglich ist. Aus diesem Grund sei nun die i-te Variable durch die Grenzen x_i^{min} und x_i^{max} beschränkt, d.h.

$$E = \{(x_1, ..., x_d) \mid x_i^{min} \leq x_i \leq x_i^{max}\}$$

Die Lösung erfolgt durch eine Projektion von x_i auf x_i^{min} falls $x_i \leq x_i^{min}$ bzw. x_i^{max} falls $x_i \geq x_i^{max}$ [29]. Durchgeführt wird der Test, ob eine Projektion nötig ist, nachdem ein neuer Punkt erzeugt wird, d.h. bei den vier oben genannten Operationen, nach der Berechnung von $\overline{x}$ und natürlich nach der Generierung des Initialsimplex.
Ein letztes Problem, das zu lösen ist, ist die Behandlung der Nebenbedingung. Hierfür gibt es einige Vorschläge, wie z.B. die Verwendung von Lagrange-Parametern [29] oder

Penalty Funktionen [5], jedoch benötigen diese Varianten einen hohen Aufwand an Benutzersteuerung und das Ergebnis variiert sehr stark mit der Wahl des Startpunktes. Eine weitere Möglichkeit zur Lösung des Problems ist die Verwendung von dem in Kapitel 4.1.2 vorgestellten »flexible tolerance« Verfahren, dessen Nachteil jedoch in der Laufzeit liegt. Aus diesem Grund wurde an der Möglichkeit der Eliminierung der Nebenbedingung mittels Nullstellensuche gearbeitet. Die vorliegende Bedingung ist eine zu erfüllende Gleichung, die sich bei Vorgabe von $d-1$ Parametern mit einer univariaten Nullstellensuche erfüllen lässt. Besitzt die zu minimierende Funktion d-freie Parameter, so wird ein Minimierungsverfahren in $d-1$ Variablen gestartet und mittels numerischer Nullstellensuche die d-te Komponente jedes Punktes aufgefüllt. Für diese Aufgabe wurde mit Bisektion ein ableitungsfreies Verfahren genutzt (im Gegensatz zum Newton-Verfahren), dessen Suchintervall durch die Vorgabe von $x_d^{\min}$ und $x_d^{\max}$ bestimmt ist.

Algorithmus 4.1 (Bisektion)

INPUT: $f(x), x_{low}, x_{upper}$
SET: $\varepsilon = 10^{-6}, f_1 = f(x_{low}), f_2 = f(x_{upper})$

falls $f_1 \cdot f_2 > 0$ FEHLER, da keine Bisektion möglich

1. $x_{mid} = \frac{1}{2}(x_{low} + x_{upper})$

2. $f_{mid} = f(x_{mid})$

3. setze $x_{low} = x_{mid}$, falls $sign(f_1) = sign(f_{mid})$, ansonsten $x_{upper} = x_{mid}$

4. falls $|x_{upper} - x_{low}| < \varepsilon$ ENDE, sonst gehe zu 1.

Der Nachteil, der bei dieser Variante auftritt, ist, dass für gegebene Parameter $x_1, ..., x_{d-1}$ keine Nullstelle im Intervall $[x_d^{\min}, x_d^{\max}]$ existieren muss. Sei beispielsweise als Gebiet eine Ellipse gegeben (siehe z.B. Abbildung 2.4 in Kapitel 2.2.1), mit den Halbachsen a, b als Parameter und der gewünschte Flächeninhalt ist $A = \frac{1}{2}$. Für die Beschränkung beider Parameter soll das Intervall $[0.1, 0.5]$ dienen, so dass die Ellipse im Einheitsquadrat $[0, 1]^2$ liegt. Für den Startparameter $a = \frac{1}{5}$ ist das entsprechende b gegeben durch

$$A = \pi ab \ \Rightarrow \ \frac{1}{2} = \frac{\pi}{5}b \ \Leftrightarrow \ b = \frac{5}{2\pi} \approx 0.796 > \frac{1}{2}$$

Um solche Fälle abzudecken, berechnet die implementierte Bisektionsvariante mittels Nelder-Mead-Verfahren den Parameter, für den die Fläche möglichst nahe an die gewünschte heran kommt. Obwohl der Simplex auf diese Art und Weise Ecken besitzt, die bezüglich den Nebenbedingungen nicht zulässig sind, errechnet der Algorithmus in den meisten Fällen das Minimum. Dies hängt unter anderem davon ab, ob die nichtzulässigen Ecken einen kleineren Funktionswert besitzt, als die aktuelle Ecke mit dem kleinsten Funktionswert. Um dem Benutzer zu signalisieren, dass doch nicht das Optimum gefunden wurde, wird am Ende der Wert der Nebenbedingung am gefundenen Minimum ausgegeben. Verschwindet dieser, so wurde das Minimum gefunden, ansonsten kann entweder ein anderer Startpunkt oder das im folgenden vorgestellte »flexible tolerance« Verfahren verwendet werden.

Beispiele

Zur Veranschaulichung sollen zwei Beispiele mit dem oben vorgestellten Verfahren gelöst werden, wobei der Fall mit Nebenbedingung nicht auftreten wird, da dieser in den Beispielen in Kapitel 5 behandelt wird. Zu Finden sind die gerechneten Beispiele in der Datei `demo_nelder_mead.m` im Ordner über den Nelder-Mead Algorithmus und können dort nochmals ausgeführt werden.

Beispiel 1: Rosenbrock Funktion
Die Rosenbrock Funktion [35] (siehe Abbildung 4.2 und Gleichung 4.2) ist eine der bekanntesten Testfunktionen für Optimierungsalgorithmen und wurde auch schon in der Originalarbeit von Nelder und Mead zu diesem Zweck verwendet. Analytisch sieht man leicht, dass das Minimum von

$$f(x,y) = (1 - x)^2 + 100(y - x^2)^2 \qquad (4.2)$$

am Punkt $(1,1)$ liegt. Die Berechnung mit dem selbst implementierten Verfahren liefert

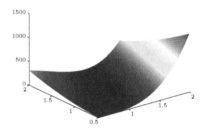

Abbildung 4.2: Rosenbrock Funktion

nach kurzer Zeit das Ergebnis

```
Rosenbrock function solved in 0.038953s
with 32 iterations and minimal value 0 at
    1
    1
```

Hierbei wurde allerdings das Minimum als Startpunkt verwendet, sodass lediglich wie auf den Bilder in Abbildung 4.3 zu sehen ist, der Simplex klein genug gemacht wird, bis die Konvergenzschranke erreicht wird. Startet man an einem anderen Punkt, so beobachtet man zunächst das gleiche Phänomen, jedoch wandert der Simplex in den letzten Iterationen auf das Minimum zu. Als Ergebnis wird man hierbei in keinem Fall den Punkt $(1,1)$ erhalten, aber immer einen sehr nahe liegenden mit einem Funktionswert im Bereich von 10^{-9}. Beispielsweise ergibt sich für die Wahl des Ursprungs als Startpunkt

```
Rosenbrock function solved in 0.013272s
```

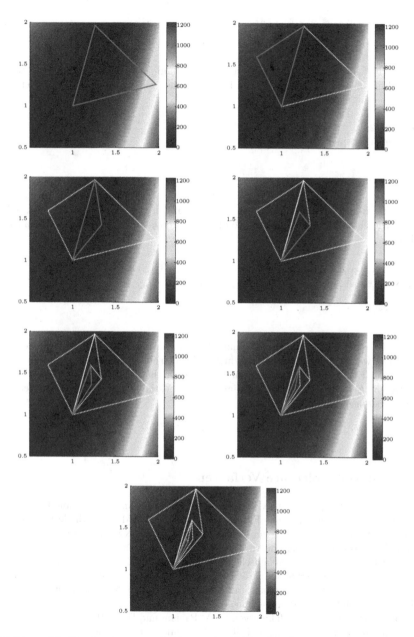

Abbildung 4.3: Simplex der ersten 7 Schritte des Nelder Mead Verfahren für die Rosenbrock Funktion mit dem aktuellen Simplex (durchgezogen) und den alten (gestrichelt)

```
with 72 iterations and minimal value 3.1728e-09 at
   0.9999
   0.9999
```

Den Verlauf aus der Abbildung liefert das Programm nicht zurück; die Grafik wurde speziell für obiges Beispiel erstellt, da bei Funktionen mit mehr als drei Variablen eine Visualisierung nicht möglich ist.

Beispiel 2:
Im zweiten Beispiel soll die Funktion

$$g(x, y, z) = -xyz$$

betrachtet werden. Der Definitionsbereich wird auf den Quader $E = [1,5] \times [-3,-2] \times [3,4]$ eingeschränkt und als Startwert soll $\left(\frac{3}{2}, -\frac{5}{2}, 3\right)$ dienen. Als Ergebnis erhält man sehr schnell

```
Example 2 solved in 0.0073114s
with 10 iterations and minimal value 6 at
   1.0000
  -2.0000
   3.0000
```

Zur analytischen Berechnung des Minimums können zum einen die Kuhn-Tucker-Bedingungen verwendet werden, zum anderen genügt hier auch schon eine kurze Überlegung. Durch Umordnen der Faktoren der Funktion g zu $x(-y)z$ ist leicht zu erkennen, dass jeder Faktor positiv auf E ist. Folglich muss im Minimum jede Variable den betragsmäßig kleinsten Wert annehmen, d.h.

$$\operatorname{argmin}_{x \in E} g(x) = (1, -2, 3)$$

4.1.2 flexible tolerance Verfahren

Bei der Verknüpfung des Simplex Verfahrens mit Bisektion im letzten Kapitel wurde mit Hilfe der Flächenformel für eine Ellipse argumentiert, dass diese Methode nicht immer zu einer Lösung führt. Aus diesem Grund wird mit der »flexible tolerance method« ein Algorithmus vorgestellt, der von vornherein für die Behandlung von Nebenbedingungen konstruiert wurde. An dem Ablaufschema in Abbildung 4.4 ist zu erkennen, dass es sich hierbei um ein modifiziertes Simplex Verfahren handelt. Der große Unterschied ist allerdings, dass wie der Name schon sagt, mit Lösungen in einem Toleranzspielraum gearbeitet wird, der im Laufe des Verfahrens immer kleiner wird.
Ursprünglich wurde das Verfahren von D. A. Paviani und D. M. Himmelblau entwickelt [34], aufgrund schlechter Verfügbarkeit der Originalarbeit wurde auf ein späteres Buch von Himmelblau [19] zurückgegriffen.
Wie bereits angedeutet ist das Ziel die Minimierung einer Funktion f unter Nebenbedin-

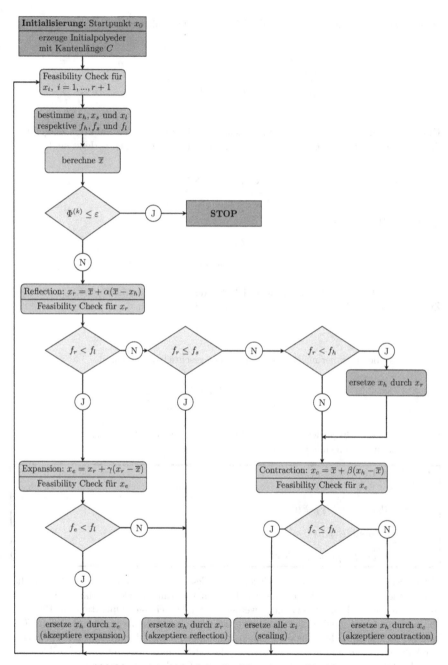

Abbildung 4.4: Ablauf des flexible tolerance Verfahrens

gungen, welche in Ungleichungen und Gleichungen unterteilt werden:

$$\min_{x \in E \subseteq \mathbb{R}^d} f(x)$$

$$\text{s.d.} \quad h_i(x) = 0 \qquad i = 1, ..., m$$

$$g_i(x) \geq 0 \qquad i = m+1, ..., p$$

Um dieses komplexe Problem zu vereinfachen, wird zunächst eine Funktion eingeführt, die für einen Punkt $x \in \mathbb{R}^d$ angibt, wie stark die Nebenbedingungen verletzt sind:

$$T(x) = \sqrt{\sum_{i=1}^{m} h_i^2(x) + \sum_{i=m+1}^{p} \Theta_i g_i^2(x)}$$

mit Θ_i der Heaviside-Funktion

$$\Theta_i = \begin{cases} 1 & g_i(x) < 0 \\ 0 & g_i(x) \geq 0 \end{cases}$$

Zusätzlich wird eine Toleranzschranke $\Phi^{(k)}$ für den k-ten Durchlauf benötigt, mit dem Ziel, dass diese im Verlauf des Algorithmus gegen 0 strebt, d.h.

$$\lim_{k \to \infty} \Phi^{(k)} = 0 \tag{4.3}$$

Somit kann die Optimierungsaufgabe äquivalent geschrieben werden als

$$\min_{x \in E \subseteq \mathbb{R}^d} f(x)$$

$$\text{s.d.} \quad \Phi^{(k)} - T(x) \geq 0$$

Für die Verständlichkeit des Ablaufs des Verfahrens sind zusätzliche Begrifflichkeiten notwendig, die in der folgenden Definition aufgeführt sind:

Definition 4.1
Ein Punkt $x \in \mathbb{R}^d$ heißt im k-ten Durchlauf des Verfahrens

- *feasible, falls $T(x) = 0$*

- *near-feasible, falls $0 \leq T(x) \leq \Phi^{(k)}$*

- *nonfeasible, falls $T(x) > \Phi^{(k)}$*

Mit dieser Definition kann die Funktionsweise des Algorithmus als die gleiche wie die des Simplex Verfahrens beschrieben werden, mit der Einschränkung, dass nur feasible bzw. near-feasible Punkte verwendet werden. Entsteht bei einer Operation ein Punkt $\tilde{x}$ der nonfeasible ist, so wird dieser als Startpunkt für eine Minimierung der Funktion $T(x)$ benutzt, welche abbricht, sobald ein Punkt $\tilde{x}'$ gefunden wurde, der near-feasible ist. $\tilde{x}$ wird durch diesen ersetzt und es ist gewährleistet, dass alle Punkte höchstens near-feasible sind. Im Schaubild ist dieser Vorgang durch »Feasibility Check von $\tilde{x}$« gekennzeichnet.

Wird zusätzlich die Folge $\Phi^{(k)}$ wie in Gleichung 4.3 gewählt, so konvergiert der Bereich bestehend aus near-feasible Punkten gegen den aus feasible Punkten und das Ergebnis erfüllt zum einen die Nebenbedingungen und minimiert zum anderen die Funktion f. Im folgenden Abschnitt sollen einige weitere Aspekte, wie z.B. die Wahl von $\Phi^{(k)}$, genauer betrachtet werden.

Das Verfahren

Um den Algorithmus zu starten, wird zunächst ein Startpunkt x_0 benötigt. Von diesem aus wird ein Initialpolyeder mit $r + 1$ Ecken erzeugt, wobei $r = d - m$ die Anzahl der Freiheitsgrade bestimmt. Dies kann auf die gleiche Art und Weise wie beim Simplex Verfahren vollführt werden, wobei von dem entstehenden Simplex nur $r + 1$ Ecken verwendet werden. Sollte keine Größe des Polyeders vorgegeben sein, wird

$$C = \min \left(\left[\frac{0.2}{d} \sum_{i=1}^{d} (x_i^{\max} - x_i^{\min}) \right], (x_i^{\max} - x_i^{\min}), ..., (x_d^{\max} - x_d^{\min}) \right)$$

als mögliche Wahl vorgeschlagen. Hierbei ist zu beachten, dass entweder die Grenzen oder die Kantenlänge angegeben sein müssen. Zusätzlich wird die Folge $\Phi^{(k)}$ mit dem Folgenglied

$$\Phi^{(0)} = 2(m + 1)C$$

initialisiert.

Die Parameter für die Durchführung von »reflection«, »contraction«, usw. können analog zu den entsprechenden im Verfahren von Nelder und Mead gewählt werden und für den Konvergenztest wird $\varepsilon = 10^{-5}$ vorgeschlagen.

Es verbleibt die Berechnung von $\Phi^{(k)}$ und die Bestimmung eines nearfeasible Punktes aus einem nonfeasible genauer zu klären. Ersteres geschieht durch

$$\Phi^{(k)} = \min \left(\Phi^{(k-1)}, \frac{m + 1}{d + 1} \sum_{i=1}^{r+1} ||x_i - \overline{x}|| \right)$$

mit $\overline{x} = \frac{1}{r} \sum_{i=1}^{r+1} (x_i - x_h)$ dem Mittelpunkt der Punkte zu Beginn der k-ten Runde exklusive dem mit dem größten Funktionswert.

Für das Verfahren wie aus einem nonfeasible Punkt x_i ein nearfeasible gewonnen werden kann, wurde schon in einem vorherigen Abschnitt die grobe Vorgehensweise erläutert. Das bereits erwähnte Minimierungsverfahren ist in diesem Fall das von Nelder und Mead und wird für die Funktion $T(x)$ mit dem Startpunkt x_i gestartet. Die Größe des Initialsimplex ist auf $0.05\Phi^{(k)}$ festgesetzt und das Verfahren wird in der Hinsicht modifiziert, dass nach jeder Runde der niedrigste Funktionswert $T(\hat{x}_l)$ mit $\Phi^{(k)}$ verglichen wird, um auf diese Weise zu bestimmen, ob ein nearfeasible Punkt gefunden wurde. Ist dies der Fall, so wird das Verfahren abgebrochen und x_i durch $\hat{x}_l$ ersetzt.

Ein Problem, welches vor allem bei einem sehr kleinen Wert von $\Phi^{(k)}$ auftreten kann, ist das nicht Auffinden eines nearfeasible Punktes, hervorgerufen durch das Beenden der Hilfsminimierung in einem nonfeasible Punkt. Für diesen Fall wird ausgehend von dem gefundenen Minimum nach einem nearfeasible Punkt gesucht. Um eine endlose Rekursion zu verhindern, welche im Fall, dass ein weiteres Mal das nonfeasible Minimum gefunden

wird, entstehen kann, existiert ein maximales Limit von 20 Rekursionen. Eine weitere
Möglichkeit, die jedoch nicht getestet wurde, ist das Verwenden eines anderen Minimie-
rungsalgorithmus.
Damit die Lösung der »flexible tolerance« Methode die Grenzen des Definitionsbereichs
einhält, kann entweder die Projektion, wie sie im ersten Verfahren vorgestellt wurde oder
Ungleichungsbedingungen, wie sie im folgenden Beispiel vorkommen, verwendet werden.
Der erste Fall ist empfehlenswerter, falls Definitionslücken nahe der Definitionsgrenzen
existieren, denn dieser Bereich kann durchaus nearfeasible sein und muss somit Funkti-
onsauswertungen zulassen.

Beispiel

Als Beispiel für das oben beschriebene Verfahren soll die Funktion

$$f(x, y) = 4x - y^2 - 12$$

unter den Nebenbedingungen

$$h_1(x, y) = 25 - x^2 - y^2 = 0$$
$$g_2(x, y) = 10x - x^2 + 10y - y^2 - 34 \geq 0$$
$$g_3(x, y) = x \geq 0$$
$$g_4(x, y) = y \geq 0$$

minimiert werden. Als Startpunkt wurde $x_0 = (1, 1)$ gewählt und der Initialpolyeder soll
eine Größe von $C = 0.3$ besitzen.
Das Programm demo_flexible_tolerance.m, welches im Ordner »flexible tolerance method« zu finden ist, liefert nach 13 Durchläufen das Ergebnis

```
Example solved in 0.090552s
with 13 iterations and minimal value -31.9923 at
   1.0013
   4.8987
```

zurück. Dieser entspricht einer »Verletzung« der Nebenbedingungen, gemessen an der
Funktion $T(x)$, von $4.75 \cdot 10^{-6}$. Im Vergleich mit den entsprechenden Tabellen im oben
aufgeführten Buch, liefert dies eine Bestätigung der richtigen Funktionsweise des Programms.

4.2   Optimierung mit MATLAB

Zur Validierung der Ergebnisse der oben vorgestellten Verfahren werden zwei der gerechneten Beispiele nochmals mit der Optimierungstoolbox von MATLAB nachgerechnet.
Die zentrale Funktion, die hierfür verwendet wurde, ist fmincon, mit deren Hilfe Mini-
mierungsprobleme unter Nebenbedingungen gelöst werden können. Wie bereits erwähnt
wurde, basiert diese Funktion auf Berechnungen mit Gradienten, die entweder durch den
Benutzer angegeben werden oder von MATLAB mittels Finite Differenzen angenähert
werden.

Die Berechnung, die im folgenden erläutert werden, befinden sich in der Datei
optimization_with_matlab.m im Ordner »Matlab optimization« und können nach In-
stallation des Optimierungspaketes gestartet werden. Zunächst müssen die für die Berechnung notwendigen Optionen festgelegt werden:

```
options = optimset('LargeScale', 'off', 'GradObj', 'off',...
       'GradConstr', 'off', 'TolCon', 1e-8, 'TolX', 1e-8,...
       'Display','off');
```

Der Parameter **LargeScale** wird auf **off** gestellt, da die betrachteten Beispiele lediglich
2 Variablen besitzen und somit eine vergleichsweise geringe Komplexität besitzen. Bei
Problemen mit vielen Variablen ist es durchaus sinnvoll einen »large-scale«-Algorithmus
zu verwenden. Dieser besitzt den Vorteil, dass verwendete Matrizen, z.b. die Hesse-Matrix,
nicht vollständig gespeichert werden und folglich weniger Platz benötigt wird. Mit den
zwei Parameter **GradObj** und **GradConstr** kann eingestellt werden, ob die Gradienten für
die zu minimierende Funktion und für die Nebenbedingungen vorhanden sind oder, wie
in diesem Fall, nicht. Die letzten drei Parameter legen zum einen die Toleranzgrenzen für
die Funktion und die Nebenbedingungen fest und zum anderen wird eine größere Ausgabe
seitens der Funktion ausgestellt.
Der Aufruf von **fmincon** erfolgt durch

```
[x,fval] = fmincon(f,x0,[],[],[],[],Lb,Ub,constraint,options);
```

mit f der Funktion, x0 dem Startpunkt und Lb bzw. Ub die unteren bzw. oberen Grenzen. Anstatt der vier [] können lineare Nebenbedingungen eingesetzt werden, welche im
ersten Beispiel nicht vorkommen und im zweiten wurden sie mit in die Datei geschrieben,
welche die Nebenbedingungen auswertet. Diese wird als function handle mit der Variable
constraint übergeben.

Beispiel 1

Zuallererst soll das zweite Beispiel aus Kapitel 4.1.1 verifiziert werden. Hierzu werden die
gleichen Grenzen und derselbe Startpunkt, sowie eine zusätzliche Datei **constraint_1.m**
für die Nebenbedingungen, welche lediglich ein leeres Array zurückliefert, verwendet. Mit
der Funktion

```
f = @(x) -x(1).*x(2).*x(3);
```

liefert Matlab die Ausgabe

```
Unconstrained minimization solved in 0.63038s
with minimal value 6 at
     1.0000
    -2.0000
     3.0000
```

Somit wurde in einer analytischen Überlegung und mit zwei unabhängigen Verfahren mit
unterschiedlichen Funktionsweisen das gleiche Ergebnis erzielt.

Beispiel 2

Für das Beispiel aus Kapitel 4.1.2 muss eine externe Datei `constraint_2.m` für die Nebenbedingungen mit dem Inhalt

```
function [g,h] = constraint_2(x)
% inequality constraints
g(1) = -10*x(1)+x(1).^2-10*x(2)+x(2).^2+34;
g(2) = -x(1);
g(3) = -x(2);

% equality constraint
h = 25-x(1).^2-x(2).^2;
```

erstellt werden. Der Vektor g enthält die Ungleichungsnebenbedingungen, die in der Form $g_i(x,y) \leq 0$ vorkommen müssen. Aus diesem Grund wurden sämtliche Vorzeichen umgedreht. In den Vektor h werden die Nebenbedingungen, die aus Gleichungen bestehen, geschrieben. Mit der Funktion

```
g = @(x) 4*x(1) - x(2).^2-12;
```

erhält man

```
Constrained minimization solved in 0.11898s
with minimal value -31.9923 at
      1.0013
      4.8987
```

und somit das gleiche Ergebnis, wie mit dem selbst implementierten Programm.

4.3   Verknüpfung von Optimierungsverfahren und FEMB-Toolbox

Im letzte Unterkapitel soll die Verbindung zwischen der Finite-Elemente-Toolbox und einem Optimierungsverfahren aufgezeigt werden. Die Grundlage bildet eine vorzeichenbehaftete Gewichtsfunktion w für ein Gebiet, welches durch mehrere Parameter verändert werden kann und mittels des Optimierungsverfahrens sollen die optimalen Parameter bestimmt werden. Hierzu muss zunächst für ein Referenzgebiet, d.h. für eine bestimmte Wahl der Parameter, wie z.B. den Startpunkt, die Integrationsparameter einschließlich der Klassifikation der Zellen und das Gleichungssystem erstellt werden. Mittels diesen Daten lässt sich wie in Kapitel 3 beschrieben schneller die Lösung für eine andere Wahl der Parameter berechnen, als durch eine Neuberechnung.

Für die zu minimierende Funktion ergibt sich damit der Funktionsaufruf

```
min_func = @(x) func(x,Gref,Fref,int_start,cell_start,H,PAR,n,PAR_func);
```

mit `Gref,Fref` dem Referenzgleichungssystem und `int_start,cell_start` den Integrationsparametern und der Klassifikation der Zellen des Referenzgebietes. Die zusätzlichen Eingabeparameter `H,PAR,n` sind die Gitterweite, Parameter für das FE-Verfahren und der

Grad der verwendeten B-Splines. Zusätzlich beinhaltet `PAR_func` benutzerdefinierte Eingaben, beispielsweise der verwendete Spezialfall oder die Wahl der Materialkonstanten, welche die Verwendung des Programms vereinfachen. Genaueres hierzu wird im nächsten Kapitel bei der Verwendung der implementierten Programme erläutert.

Alles in allem hängt die Funktion nur von x ab, welches eine Wahl der Parameter symbolisiert. Dabei kann x ein Vektor, falls mehrere Parametern auftreten, oder eine Matrix sein, falls an mehr als einem Parametervektor ausgewertet werden muss. Als Rückgabewert soll die Funktion die maximale Auslenkung für das durch x definierte Gebiet besitzen.

Zu diesem Zweck erstellt diese die durch x definierte Gewichtsfunktion, berechnet wie in Kapitel 3 mit Hilfe der übergebenen Attribute des Referenzgebietes die Integrationsparameter und die Klassifikation der Zellen für das neue Gebiet, erstellt das neue Gleichungssystem und löst dieses. Alle Schritte bis zum Lösen werden mittels der modifizierten Algorithmen der FEMB-Toolbox durchgeführt.

Nachdem das Gleichungssystem gelöst wurde, kann die Lösungsfunktion entsprechend ausgewertet werden und die maximale Auslenkung bestimmt werden. Wird der Funktion eine Matrix übergeben, d.h. die Auswertung soll für mehrere Parametervektoren stattfinden, so werden für jeden einzelnen die gerade beschriebenen Schritte ausgeführt. Zusammenfassend werden diese durch den folgenden Programmcode, der sich mit ausführlicheren Kommentaren versehen beispielsweise in der Datei `func.m` befindet, ausgeführt

```
% Gewichtsfunktion definieren
wD = @(x,y) PAR_func.wD(x,y,points(:,i));
% neue Integrationsparameter und Klassifikation
[int,cells] = integrate_2d_modified(wD,intref,cellref,H,PAR);
% neues Gleichungssystem aufstellen
[G,F] = assemble_2de_modified(model,E,nu,f,w,H,n,PAR,int,...
    cellref,cells,Gref,Fref);
% zusätzliche Dimensionen eliminieren und System lösen
[G,F] = init_linear_system(G,F,PAR,n);
U = solve_2de(G,F,PAR);
% Lösung auswerten und maximale Auslenkung bestimmen
[wuXY,~,~,~,~] = evaluate_2de(model,E,nu,f,wD,w,U,H,n,PAR);
strain = sqrt(wuXY(:,:,1).^2+wuXY(:,:,2).^2);
values(i) = max(strain(:));
```

Bei der Verwendung der verschiedenen Verfahren muss bei jedem auf irgendeine Weise die Nebenbedingung verwendet werden, sei es bei der Nullstellenfindung in der Bisektion (4.1.1) oder bei der Minimierung der Funktion $T(x)$ in Kapitel 4.1.2. Aufgrund der verschiedenen Nutzungsweisen soll nur allgemein beschrieben werden, wie für eine bestimmte Wahl der Parameter der Flächeninhalt ausgerechnet werden kann. Die genauen Funktionsweisen können in den entsprechenden Dateien nachgelesen werden.

Analog zu oben werden für ein Referenzgebiet die Klassifikation der Zellen und die Integrationsparameter (Gewichte und Auswertungspunkte) benötigt. Anschließend können mit der modifizierten Funktion die neuen Integrationsgewichte bestimmt werden und durch Aufsummieren von diesen erhält man den Flächeninhalt, da die Summe gerade der Integration der Indikatorfunktion $\mathbb{1}_D$ für das Gebiet D entspricht. Bei der modifizierten Funktion handelt es sich um dieselbe, wie sie auch oben verwendet wird, allerdings wurde Programmcode, der allein zur Bestimmung der Integrationspunkte bestimmt ist, herausgelöscht, um auf diese Weise einen zusätzlichen Geschwindigkeitsvorteil zu erhalten.

Kapitel 5

Beispiele

Um die bisher vorgestellten Konzepte zu verdeutlichen, sollen in diesem Kapitel einige repräsentative Beispiel aufgeführt werden. Hierbei wird zum einen die Verwendung des implementierten Templates, mit dessen Hilfe sich durch wenige Handgriffe eine Formoptimierung durchführen lässt, erläutert und zum anderen sollen die verschiedenen Optimierungsmethoden zum Einsatz kommen.

Zum Abschluss des Kapitels werden noch einige Vergleiche zwischen der Verwendung der modifizierten Finite-Elemente-Methode und der ursprünglichen durchgeführt.

Sämtliche aufgeführten Beispiele befinden sich im Ordner »Optimization examples«, verteilt auf entsprechende Unterordner und können von dort aus gestartet werden.

5.1 Brücke

Das erste Beispiel ist schon aus Kapitel 3.3.1 über den ebenen Dehnungszustand bekannt und besitzt als Ziel die optimale Form eines Brückenbogens zu finden, während die Brücke der normalisierten Gewichtskraft ausgesetzt ist. Folglich besitzt die ermittelte Form die kleinste Maximalauslenkung unter allen möglichen Varianten mit vorgegebener Fläche. In Abbildung 5.1 ist solch eine Brücke zusammen mit den freien Parametern dargestellt.

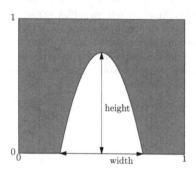

Abbildung 5.1: Schnitt einer Brücke, mit zwei freien Parametern

Diese geben zum einen die Breite des parabelförmigen Brückenbogens und zum anderen die Höhe von diesem an.

Unabhängig von der Wahl des Verfahrens müssen zuallererst die Gewichtsfunktionen erstellt werden. Der stationäre Teil des Randes soll wieder der Schnitt mit der x−Achse sein. Zur Modellierung von diesem wird die Gewichtsfunktion

$$w(x, y) = y$$

verwendet und praktischerweise existiert diese schon unter dem Namen `w_line` im FEMB-Programmpaket.

Etwas schwieriger gestaltet sich die Konstruktion der gebietsbeschreibenden Gewichtsfunktion w_D. Diese soll von den Parametern `width` für die Breite und `height` für die Höhe des Bogens abhängen und wird mittels einer Parabel konstruiert. Aus den Bedingungen

$$w_D(1/2, \texttt{height}) = 0$$
$$w_D(1/2 - \texttt{width}/2, 0) = 0$$
$$w_D(1/2 + \texttt{width}/2, 0) = 0$$

und der allgemeinen Darstellung einer Parabel $w_D(x, y) = y - ax^2 - bx - c$ ergibt sich unter Ausnutzung der Symmetrie

$$w_D(x, y) = y/\texttt{height} + (x - 1/2)^2/(\texttt{width}/2)^2 - 1$$

Im Folgenden soll das implementierte Template zum Einsatz kommen, um die optimalen Parameter zu bestimmen. Diese Durchführung stellt gleichzeitig eine Anleitung zur Anwendung von diesem dar.

Die einzige externe Arbeit, die durchgeführt werden muss, wurde durch obige Konstruktion der zwei Gewichtsfunktionen bereits durchgeführt. Es müssen lediglich an bestimmten Stellen im Programm die benötigten Werte eingefügt werden.

Der Hauptteil des Templates ist in der Datei `optimize_start.m` zu finden. Diese erzeugt die Parameter für ein Referenzgebiet, startet das Verfahren und gibt das Ergebnis aus. Sämtliche Stellen, an denen der Benutzer Daten eintragen muss, sind auskommentiert und um keine Verwechslungen mit normalen Kommentaren hervorzurufen, befinden sie sich in Blöcken, welche durch %% getrennt sind.

Im ersten Block

```
% ref_para = [...];
% PAR_func.area = ... ;
% H = ... ;
% n = ... ;
```

müssen zunächst an den durch ... gekennzeichneten Stellen die Parameter für das Referenzgebiet hineingeschrieben werden. Für die Brücke wurden die folgenden Werte gewählt

```
height = 0.5;
width = 0.8;
ref_para = [height;width];
```

Anschließend muss die gewünschte Fläche **area**, die Anzahl der Gitterzellen **H** und der Grad der B-Splines **n** ausgefüllt werden. Für die letzten beiden Parameter ist lediglich ein Integer-Wert notwendig und kein Array, wie vielleicht bei der Verwendung von multivariaten B-Splines vermutet wird. Der Grund hierfür ist, dass in allen Dimensionen mit dem gleichen B-Spline Grad und der gleichen Anzahl an Zellen gearbeitet wird. Zur Berechnung des Beispiels soll unter Verwendung von 10 Gitterzellen und kubischen B-Splines eine Fläche von 0.6 erzielt werden. Die Zielfläche wird direkt in ein struct **PAR_func** geschrieben, das im Verlauf der Datei mit zusätzlichen Werten befüllt wird. Mittels diesem wird erreicht, dass beispielsweise die Gewichtsfunktion oder andere Parameter nur in der Hauptdatei eingetragen werden müssen, obwohl sie in Unterprogrammen benötigt werden. Somit erhöht sich deutlich die Benutzerfreundlichkeit des Programms, da lediglich in einer Datei Eintragung getätigt werden müssen. Außerdem ist die Integration in eine grafische Oberfläche mit einer ansprechenden Benutzereingabe sehr viel leichter zu bewerkstelligen.
Nachdem der erste Block vollständig ausgefüllt ist, kann mit dem zweiten weitergemacht werden.

```
% PAR_opt.bounds = ...;
% PAR_opt.start = ....;

% wD = @(x,y,parameter) ... ;
% w = ... ;
% f = ... ;
% model = ... ;
% E = ... ;
% nu = ... ;
```

In diesem müssen zunächst die Grenzen der Parameter und der Startpunkt für die Minimierung eingetragen werden. Hierbei ist zu beachten, dass die Dimension, in der diese durchgeführt wird, die um eins verringerte Anzahl der Parameter ist (siehe dazu das Kapitel über die Optimierungsalgorithmen 4.1).
Die Brücke besitzt zwei Parameter, folglich rechnet der Algorithmus in einer Dimension und die Matrix für die Grenzen besitzt nur eine Zeile. Bei mehreren Dimensionen werden zusätzliche Grenzen zeilenweise eingefügt, mit der unteren in der ersten Spalte und der oberen Grenze in der zweiten. Gleiches gilt für das Array des Startpunktes. Um die Fahrbahn der Brücke nicht zu entarten, wird das Intervall [0.1, 0.9] als zulässiger Bereich für die Parameter gewählt:

```
PAR_opt.bounds = [0.1 0.9];
PAR_opt.start = height;
```

Den Abschluss des Blockes bilden die Gewichtsfunktionen, die wirkende Kraft, die Wahl des Modells und der Konstanten E und ν. Die ersten beiden müssen als .m-Datei gespeichert werden, wobei die gebietsbeschreibende die Parameter als dritten Input besitzen muss. In der Funktion für die Gewichtsfunktion, welche Γ beschreibt, müssen zusätzlich die Ableitungen zurückgegeben werden, da diese zwingend für die Berechnungen der Matrixeinträge benötigt werden. Für die Wahl der Kraft liegen dem FEMB-Paket die Dateien **f_gravity.m** und **f_centrifugal.m** für die namensgebenden Kräfte bei und für das Modell besteht die Auswahl zwischen 'strain' und 'stress' für die zwei Spezialfälle der linearen Elastizität. Im Beispiel der Brücke besitzt das Ganze die Form

```
wD = @(x,y,parameter) wD_bridge(x,y,parameter);
w = @w_line;
f = @f_gravity;
model = 'strain';
E = 1; nu = 0.2;
```

wobei die Poisson-Zahl für Beton verwendet wurde und ein normalisiertes Elastizitätsmodul, da es lediglich als Skalierungsfaktor auftritt. Die Datei `wD_bridge.m` enthält nur eine Zeile mit der oben hergeleiteten Formel

```
function values = wD_bridge(x,y,parameter)
values = y/parameter(1)+(x-1/2).^2/(parameter(2)/2)^2-1;
end
```

Als letztes muss der Funktion **get_add_dimension**, welche mittels Bisektion die letzte Dimension auffüllt, die Grenzen für diese übergeben werden. Hierzu wird lediglich im Funktionsaufruf ... mit einem 1×2 Array, welches diese enthält, ersetzt. Für die Brücke sollen die Grenzen dieselben wie für die Minimierung sein, so dass diese direkt übernommen werden können:

```
additional_point_function = @(p) get_add_dimension(p,PAR_opt.bounds,...
    int_start,cell_start,H,PAR);
```

Nach dem Start des Programms bekommt man relativ schnell die Rückmeldung

```
Minimization finished in 5.66 s and minimal point found at (0.9000 0.6667).
Area error: 0.0000
```

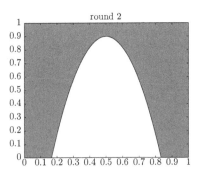

Abbildung 5.2: optimale Brückenstruktur mit Fläche 0.6

zusammen mit dem Ergebnis in Abbildung 5.2. Die Textmeldung gibt an, dass die Durchführung der Optimierung, d.h. ohne Erzeugung der Parameter für das Referenzgebiet, lediglich 5.66 Sekunden benötigt hat und die optimalen Parameter am Punkt $(0.9, 2/3)$ gefunden wurde. Ein kurzer Blick in das Hauptprogramm zeigt, dass der erste Eintrag

die Höhe und der zweite die Breite des Brückenbogens angibt. Der Fehler zwischen der
Fläche für das Ergebnis und der geforderten beträgt 0, so dass auch wirklich ein zulässiges
Ergebnis gefunden wurde. Mit der hergeleiteten Formel für das Gebiet, lässt sich durch
Integration eine analytische Formel für den Flächeninhalt in Abhängigkeit von der Breite
und Höhe des Bogens herleiten:

$$A(\texttt{height}, \texttt{width}) = 1 - \frac{2}{3} \cdot \texttt{height} \cdot \texttt{width}$$

und tatsächlich ergibt sich für die optimalen Parameter eine Fläche von 0.6.
Auf den Verlauf der Flächenentwicklung während der Optimierung mit dem modifizierten
Simplex Verfahren wird im folgenden Beispiel genauer eingegangen, aus dem Grund, dass
bei der Brücke die meisten Ergebnisse nach ein bis drei Iterationen erzielt werden und
somit für diese Betrachtung nicht sehr interessant sind. Trotzdem stellt die Brücke ein
sehr praxisbezogenes Beispiel dar, auch wenn die Modellierung sehr grob ist.
Stattdessen soll auf eine andere Wahl des Startpunktes eingegangen werden. Für eine
initiale Wahl der Höhe von 0.1 ergibt sich das selbe optimale Ergebnis wie oben, obwohl
obige Formel eine Breite von 6 als zugehörig liefert und der Startpunkt somit nicht zulässig ist. Zusätzliche Durchführungen der Optimierung mit Startwerten aus der Menge
$\{0.1, 0.2, ..., 0.9\}$ führen immer zu dem selben Resultat und es zeigt sich, dass dieses in
dem hier durchgeführten Rahmen unabhängig vom Startpunkt ist und dass selbst nicht-
zulässige Startwerte zu einem richtigen Ergebnis führen.
Trotzdem soll an dieser Stelle das flexible tolerance Verfahren zum Einsatz kommen, um
entgegen der schon durchgeführten Vergleichsrechnungen mit MATLAB im Optimierungs-
kapitel, ein zweites unabhängiges Ergebnis zu erhalten.
Für die Verwendung von diesem Verfahren kann das hierfür erstellte Template benutzt
werden. Für dieses muss der Anwender fast die selben Schritte durchführen wie für das mit
der Bisektion verknüpften Simplex-Verfahren. Der einzige Unterschied liegt in der Dimension, in der das Verfahren arbeitet. Ein zweiter Parameter war bei obiger Durchführung
lediglich für die Berechnungen auf dem Referenzgebiet notwendig, hier muss zum einen
der Startpunkt zweidimensional sein, als auch die Grenzen müssen für beide Dimensionen
vorhanden sein. Hierdurch ergibt sich eine weitaus größere Komplexität, die sich auch in
der Laufzeit widerspiegelt.
Ansonsten müssen die gleichen Daten wie im oberen Fall in der Datei `optimize_start.m`
aus dem entsprechenden Template Ordner ausgefüllt werden. Lediglich die Eintragungen
des dritten Blockes existieren hier aufgrund der fehlenden Bisektion nicht.
Die Durchführung des Programms endet mit der folgenden Meldung

```
Generate reference parameter ...Finished!
Starting minimization ...
     Preparing initial points ...Finished!
     Evaluating initial points ...Finished!
     round  18 and current phi  5.023e-06
Minimization finished in 134.77 s and minimal point found at (0.9000 0.6666)
Area error: 0.0000
```

und es zeigt sich, dass auch dieses Verfahren den selben Punkt gefunden hat, jedoch ist
die Laufzeit fast 27-mal so lang. Der Grund hierfür liegt hauptsächlich an der zusätzlichen
Dimension, die dazu führt, dass sehr viel mehr Iterationen durchgeführt werden müssen

und jede Iteration kostet aufgrund der Komplexität der zu minimierenden Funktion einiges
an Laufzeit.
Die lange Laufzeit bietet allerdings den Vorteil, dass sich ein sehr schöner Verlauf des
Verfahrens ergibt, der in der unteren Abbildung abgebildet ist. In den nicht abgebildeten

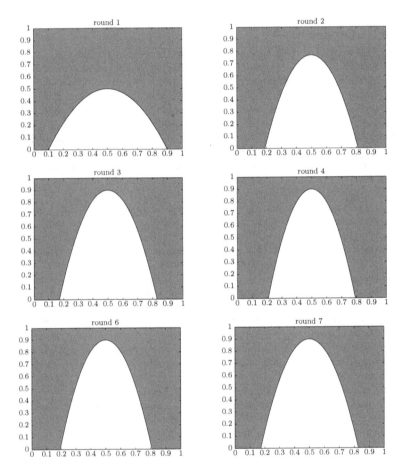

Abbildung 5.3: Änderung der Fläche im Laufe des Verfahrens

Iterationen besteht nur eine minimale Änderung der Fläche und ab der 13.ten Iteration
verringert der Algorithmus lediglich die Größe des Polyeders, da das Minimum, wie es
schon in Abbildung 5.2 zu sehen war, gefunden wurde. Die letzte abgebildete Iteration 7
ist mit dem Punkt $(0.9, 0.6543)$ schon so nahe an das Minimum hergekommen, dass sich
die letzten Iterationen nicht lohnen abgebildet zu werden.

5.2 Ellipse

Als zweites Beispiel soll eine Ellipse betrachtet werden, welche um ein Loch rotiert, das sich links vom Mittelpunkt der Ellipse befindet. Ein entsprechendes Beispiel wurde in Kapitel 3.3.2 über den ebenen Spannungszustand schon einmal durchgerechnet. Das Ziel für die Optimierung ist das Auffinden der optimalen Hauptachsen bei festem Mittelpunkt $(1/2, 1/2)$, so dass die Verformung bei der Rotation minimal ist. Hierfür wird wiederum das Template verwendet, mit derselben Vorgehensweise wie im obigen Beispiel. Aus diesem Grund wird lediglich auf die verwendeten Gewichtsfunktionen und Kraft eingegangen, außerdem soll, wie oben schon angedeutet wurde, ein genauer Blick auf den Verlauf der Minimierung bezüglich der Flächenentwicklung geworfen werden.

Die Gewichtsfunktion für das Gebiet erzeugt zunächst über die implizite Formel eine

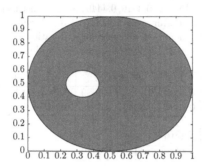

Abbildung 5.4: Ellipse mit Loch, um welches diese rotiert

Ellipse für vorgegebene Parameter und schneidet anschließend mittels R-Funktionen das Loch heraus. Für dieses Loch wurde eine zusätzliche Datei angelegt, da es sich bei dem Rand von diesem um das feste Stück Γ handelt. Damit ergeben sich zum einen eine Datei für die Ellipse mit dem Inhalt

```
function W = wD_ellipse(X,Y,parameter)
W = 1 - (X-1/2).^2/parameter(1)^2 - (Y-1/2).^2/parameter(2)^2;
W = W + w_kringel(X,Y) - sqrt(W.^2 + w_kringel(X,Y).^2);
end
```

und für das Loch

```
function [W,Wx,Wy,Wxx,Wxy,Wyy] = w_hole(X,Y)
W = (X-1/3).^2 + (Y-1/2).^2 - 1/100;
Wx = 2*(X-1/3);
Wy = 2*(Y-1/2);
Wxx = 2*ones(size(X));
Wxy = 2*zeros(size(Y));
Wyy = 2*ones(size(X));
end
```

In letzter ist zusätzlich zu sehen, wie die Ableitungen anzugeben sind. Der letzte Schritt ist das Anlegen einer Datei, welche die verschobene Zentrifugalkraft berechnet. Da sich das Rotationszentrum am Mittelpunkt des ausgeschnittenen Kreises befindet, muss an dieser Stelle die Kraft verschwinden und an jedem anderen Punkt nach außen zeigen. Alles in allem lässt sich dies wie in der Datei f_centrifugal_modified.m

```
function [F1,F2] = f_centrifugal_modified(x,y)
F1 = x-1/3; F2 = y-1/2;
```

zu finden realisieren, wobei sich das Zentrum der Rotation am Punkt $(1/3, 1/2)$ befindet. Die Zielfläche soll mit $1/2$ genau die Hälfte des Berechnungsgebietes betragen und als Startparameter wurde ebenfalls $1/2$ gewählt. Damit die Scheibe nicht aus dem Gebiet herausragt, wurden die Parameter nach oben auf maximal 0.5 und nach unten auf $1/10$ beschränkt. Das Ergebnis am Punkt $(0.3810, 0.4449)$ ist zunächst nicht interessant, sondern der Verlauf des Verfahrens. Hierfür zeigt Tabelle 5.1 die Parameter, die in der jeweiligen Iteration das Minimum definieren. In den fehlenden Iterationen ändert sich dieses nicht, so dass diese Werte der Übersicht halber weggelassen wurden. Zusätzlich zu der Tabelle

Iteration	1	5	6	7	8	9	10
Parameter 1	$1/2$	0.4999	0.4996	0.4989	0.4967	0.4902	0.4705
Parameter 2	0.3383	0.3384	0.3385	0.3390	0.3405	0.3451	0.3596
Iteration	11	12	17	31			
Parameter 1	0.4114	0.3819	0.3810	0.3810			
Parameter 2	0.4110	0.4438	0.4449	0.4449			

Tabelle 5.1: optimale Parameter im Verlauf des Verfahrens für das Ellipsenbeispiel

zeigt Abbildung 5.5 auf der nächsten Seite den Verlauf der Fläche und es gut zu sehen wie die Ellipse schmaler wird und dafür nach oben wächst. Zum Abschluss des Beispiels soll der Verlauf des Verfahrens auf der Flächenfunktion betrachtet werden. Für diese gilt unter Verwendung der Formeln für die Flächen einer Ellipse und eines Kreises mit Radius $1/10$:

$$\text{Area}(a, b) = \pi \cdot a \cdot b - \frac{\pi}{100}$$

In Abbildung 5.6 ist die Hyperbelform der Niveaulinien sehr schön zu erkennen und außerdem wie der Algorithmus von rechts nach links auf der Niveaulinie mit Wert $1/2$ entlangwandert, bis er den optimalen Punkt erreicht hat.

5.3 Bézier-Kurve

Im letzten Beispiel sollen zweierlei Dinge eine zentrale Rolle spielen, die in den bisherigen Beispielen noch nicht betrachtet wurden. Dies ist zum einen die Plausibilität der Lösung, d.h. macht die errechnete Lösung überhaupt einen Sinn, und zum anderen das Verhalten bei viel mehr Parametern, denn bisher rechnete der Algorithmus mit Ausnahme des zusätzlichen Tests mit dem flexible tolerance Verfahren stets eindimensional.

Für diese Untersuchungen sollen Bézier-Kurven als Modellierungswerkzeug für das Gebiet

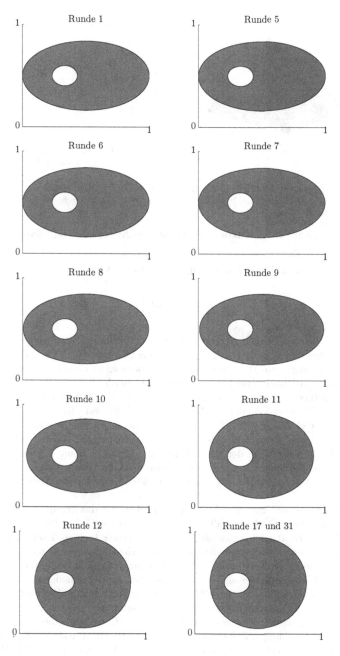

Abbildung 5.5: Änderung der Fläche im Laufe des Verfahrens

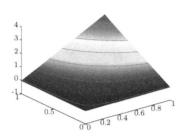 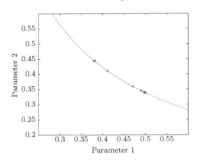

(a) Flächenfunktion für die Ellipse in Abhängigkeit von beiden Parametern mit Niveaulinien für Area $\in \{0, 1/2, 1, 3/2, ...\}$

(b) Verlauf des Algorithmus auf der Niveaulinie mit Wert $1/2$: von rechts nach links

Abbildung 5.6: Flächenfunktion und Verlauf des Algorithmus im Ellipsenbeispiel

zum Einsatz kommen. Dieses soll unterhalb einer Bézier-Kurve

$$p(t) = \sum_{k=0}^{m} c_k b_k^m(t)$$

liegen, welche die zwei Punkt $(0, 1/2)$ und $(1, 1/2)$ verbindet. Daraus ergeben sich zwei feste Kontrollpunkte $c_0 = c_m = 1/2$ und $m - 1$ frei wählbare $c_1, ..., c_{m-1}$. Damit das Gebiet im Berechnungsraum $[0, 1]^2$ liegt und keine entarteten Lösungen entstehen, sollen die Kontrollpunkte auf das Intervall $[0, 1]$ eingeschränkt werden.
Durch eine initiale Wahl des Grades wird damit die Anzahl der Kontrollpunkte bestimmt und somit die Dimension, in der der Algorithmus rechnet, festgelegt.
Für dieses Beispiel soll die Zielfläche mit einem Flächeninhalt von 0.5 genau die Hälfte des Berechnungsgebietes ausmachen. Als Kraft wurde wiederum die normalisierte Gewichtskraft gewählt und der Grad der Bézier-Kurve auf 5 gesetzt. Somit ergeben sich 4 freie Kontrollpunkte und folglich errechnet der Algorithmus die Lösung im dreidimensionalen Raum. Zuletzt werden die drei freien Kontrollpunkte in der Startkonfiguration auf 1 festgelegt.
Vor dem Start lässt sich eine erste Überlegung machen, wie das Ergebnis auszusehen hat. Die einfachste Lösung für diesen Fall ist ein Block mit Höhe 0.5, bei dem die Verschiebung fast parallel zur Kraft nach unten zeigt, jedoch mit einer leichten Tendenz nach außen aufgrund der Nebenbedingungen. Ändert sich ein Kontrollpunkt, so hat dies zur Auswirkung, dass an mindestens einer Stelle ein Maximum entsteht und um die zusätzliche Fläche auszugleichen an einer anderen ein Minimum. An dem Maximum entwickelt sich wegen der zusätzlichen Masse eine sehr viel stärkere Auslenkung als vorher. Deshalb ist als Ergebnis genau der angesprochene Block zu erwarten.
Diese Überlegung wird durch den Algorithmus bestätigt, der genau diese Vorgehensweise besitzt. Wie in Abbildung 5.7 zu sehen, besitzt die Startkonfiguration einerseits ein Maximum und andererseits ein Minimum, und während des Ablaufes bilden sich beide zurück; zuerst langsam und dann schlagartig, bis der angesprochene Block erreicht ist. Hierbei ist

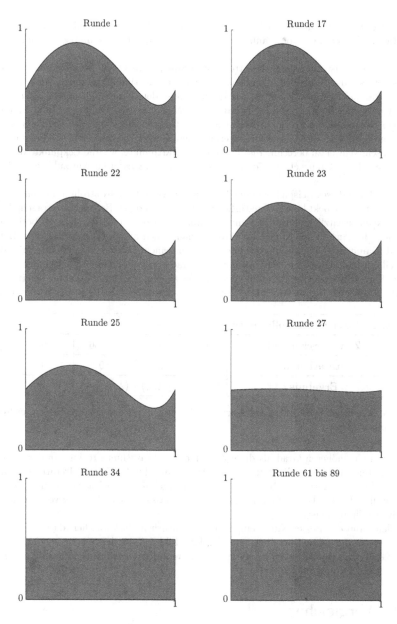

Abbildung 5.7: Änderung der Fläche im Laufe des Verfahrens

allerdings anzumerken, dass mehr als die abgebildeten Formen im Laufe des Algorithmus existieren, da sich diese aber kaum unterschieden, wurden nur die markantesten abgebildet. Hervorzuheben ist außerdem, dass trotz eines Startpunktes, der, wie am ersten Bild zu erkennen ist, die Nebenbedingung nicht erfüllt, das Optimum gefunden wird. Bei der Wahl eines anderen Startpunktes, wie beispielsweise dem Nullpunkt, ergeben sich kleine bis große Fehler im Endergebnis. Daran ist zu sehen, dass die Wahl des Startpunktes in diesem Beispiel eine sehr viel größere Rolle spielt, als beispielsweise im Brückenbeispiel. Diese gestaltet sich durchaus schwieriger, aus dem Grund, dass die Nebenbedingung analytisch sehr schwer zu berechnen ist und triviale Startpunkte, wie die Eckpunkte oder der Mittelpunkt des Grenzgebietes, ohne Wissen des Benutzers zu keinem zulässigen Punkt führen.

Als Abschluss dieses Beispiels soll der Einfluss der Anzahl der Kontrollpunkte untersucht werden. Dieser Aspekt lässt sich natürlich nicht auf die anderen Beispiel übertragen, da bei diesen keine zusätzliche Parameter möglich waren. Speziell bei Bézier-Kurven besitzt das Problem der Anzahl der Kontrollpunkte durchaus einen anwendungsorientierten Hintergrund. Damit bei Modellierungsarbeiten, z.B. von einem Bauteil, zwei Punkte möglichst schnell optimal verbunden werden, sollte ein Grad verwendet werden, der einerseits eine kurze Berechnungszeit besitzt, andererseits aber auch ein richtiges Ergebnis liefert. In der Tabelle ist für die Anzahl der freien Kontrollpunkte, d.h. die Bézier-Kurve besitzt

Anzahl freier Kontrollpunkte	2	3	4	5
Zeit (in Sekunden)	101.61	145.23	231.36	296.60
Iterationen	33	48	89	121
Ergebnis	$\left(\frac{1}{2},\frac{1}{2}\right)$	$\left(\frac{1}{2},\frac{1}{2},\frac{1}{2}\right)$	$\left(\frac{1}{2},\frac{1}{2},\frac{1}{2},\frac{1}{2}\right)$	$\left(\frac{1}{2},\frac{1}{2},\frac{1}{2},\frac{1}{2},\frac{1}{2}\right)$

Tabelle 5.2: Ergebnisse des Bézier-Kurven Beispiels für verschiedene Anzahlen an freien Kontrollpunkten

einen um eins höheren Grad als diese Zahl und der Algorithmus rechnet in der um eins verringerten Dimension, die Zeit und die Anzahl der durchgeführten Iterationen aufgetragen, die der Algorithmus benötigt, sowie das Ergebnis. Zunächst ist zu sehen, dass in allen Fällen das gleiche Ergebnis herauskommt, so dass dieses unabhängig von der Anzahl der Kontrollpunkte ist.

Für den Grad der Bézier-Kurve empfiehlt sich natürlich ein kubischer, da dieser wie zu sehen ist, in der schnellsten Zeit zum Ergebnis führt. Auch der Schritt zu einer Kurve vom Grad 4 ist durchaus noch vertretbar, alle weiteren Grade sind aufgrund zu langer Laufzeit nicht zu empfehlen.

5.4   Vergleiche

Der Abschluss des Kapitels soll zeigen, in welchem Maße die Verwendung der modifizierten Funktionen einen Vorteil gegenüber den ursprünglichen bringen. Diese Vorteile sind natürlich von Beispiel zu Beispiel unterschiedlich, aber um einen Eindruck zu geben, in welchem Größenverhältnis diese liegen, wird das Ganze am Beispielgebiet der Brücke durchgeführt. Im Laufe eines Optimierungsprozesses ergeben sich verhältnismäßig wenig unterschiedliche Gebiete, so dass der Vergleichsprozess außerhalb einer Optimierung an festgelegten Testgebieten durchgeführt werden soll.

Am interessantesten ist natürlich die verbrauchte Zeit, so dass diese auch als Maß verwendet wird. Da die Laufzeit der modifizierten Algorithmen abhängig von der Wahl des Referenzgebietes ist, werden sowohl die Parameter (Höhe und Breite des Brückenbogens) für dieses, als auch diejenigen für die Testgebiete zufällig erzeugt. Ansonsten werden für das Finite-Elemente-Verfahren die gleichen Parameter wie bei der Durchführung der Optimierung im früheren Kapitel verwendet.

Die Vergleichsroutine in der Datei start_compare.m ermittelt zunächst durch eine Benutzereingabe die gewünschte Anzahl an Zellen pro Dimension H, den Grad der B-Splines n und die Anzahl an Testgebieten. Diese sowie das Referenzgebiet werden als allererstes mit Hilfe von Zufallszahlen erzeugt. Zusätzlich werden alle Parameter und Daten für das Referenzgebiet berechnet. Für die folgende Zeitmessung wird für jedes Gebiet eine Zwischenzeit jeweils nach der Erzeugung der Integrationsdaten und nach dem Aufstellen der Matrix genommen, sowie nur für das Erzeugen von dieser aus den Integrationsparametern. Die Zeit für das Lösen und Auswerten wird nicht beachtet, da dieses bei beiden Varianten identisch abläuft. Zur Korrektheit wird die maximale und minimale Norm der Lösung verglichen.

Insgesamt werden drei Durchläufe für verschiedene Wahlen von H und n durchgeführt und in jedem Durchlauf werden die durchschnittlichen Ergebnisse aus 100 verschiedenen Gebieten gebildet. Diese sind in den Tabellen 5.3, 5.4 und 5.5 dargestellt.

durchschn. Zeit (in s) für	orig. Funktionen	mod. Funktionen	Gewinn in %
Integrationsparameter	0.0649	0.0603	7.1
Matrix erzeugen	0.7978	0.1312	83.5
gesamt	0.8627	0.1915	77.8

Tabelle 5.3: Vergleichsergebnisse für $H = 10$ und $n = 3$

durchschn. Zeit (in s) für	orig. Funktionen	mod. Funktionen	Gewinn in %
Integrationsparameter	0.1425	0.1257	11.7
Matrix erzeugen	3.1133	0.3490	88.8
gesamt	3.2558	0.4747	85.4

Tabelle 5.4: Vergleichsergebnisse für $H = 20$ und $n = 3$

durchschn. Zeit (in s) für	orig. Funktionen	mod. Funktionen	Gewinn in %
Integrationsparameter	0.0808	0.0773	4.3
Matrix erzeugen	1.8275	0.4133	77.3
gesamt	1.9083	0.4906	74.2

Tabelle 5.5: Vergleichsergebnisse für $H = 10$ und $n = 4$

Für alle Durchläufe lässt sich zunächst sagen, dass keinerlei gravierende Unterschiede
in den Ergebnissen bezüglich der Lösung festzustellen ist. Die auftretende Differenz im
Bereich von 10^{-10}, welche das Programm am Ende ausgibt, besitzt ihren Ursprung in
Rundungsfehlern, die bei den unterschiedlich durchgeführten Summationen in der Assemblierung der Matrix entstehen und folglich beim Lösen zu Fehlern in einem Bereich
führen, den es nicht zu beachten gibt.
Wie gewünscht ist deutlich sichtbar, dass die modifizierte Variante sehr viel schneller ist,
als die normale Variante. Den größten Beitrag liefert dabei das Aufstellen der Matrix,
welches in allen Fällen über 77 % weniger Zeit benötigt. Der Gewinn bei der Berechnung
der Integrationsparameter wird jedoch erst bei mehr Zellen sichtbar, wie es auch schon
am Ende von Kapitel 3 erläutert wurde.
Für die Laufzeit eines ganzen Optimierungsalgorithmus ergibt sich ein Vorteil, der nicht
in einer solchen Größenordnung liegt. Je nach Beispiel liegt dieser zwischen 25 und 35
%, aus dem Grund, dass in den allermeisten Iterationen nur eine Funktionsauswertung
durchgeführt wird. Dagegen werden sehr viel öfter, beispielsweise in der Bisektion, nur
Integrationsparameter für die Flächenberechnung bestimmt. Wie oben gesehen ergeben
sich für deren Bestimmung ein geringerer Laufzeitgewinn.

Kapitel 6

Fazit und Ausblick

Das in dieser Arbeit bearbeitete Projekt stellt eines der ersten dar, welches das an der Universität Stuttgart von K. Höllig und J. Hörner entwickelte FEMB-Packet anwendungsorientiert nutzt bzw. erweitert. Durch weitere Arbeiten in diese Richtung können und werden bestehende Algorithmen, die auf der Verwendung von Ergebnissen aus einer Berechnung mit Finiten Elementen basieren, mit gewichteten B-Splines bzw. mit der Erweiterung auf WEB-Splines umgesetzt. Unter der Ausnutzung der Vorteile von diesen Funktionen entstehen, wie in dieser Arbeit gezeigt wurde, deutliche Vorteile gegenüber der Durchführung solcher Algorithmen mit klassischen Basisfunktionen. Die Methoden stellen nicht nur eine theoretische Alternative dar, sondern besitzen auch einen großen praktischen Nutzen.

Der Hauptaugenmerk lag bei der Bearbeitung des Themas hauptsächlich in der praktischen Umsetzung der Problemstellung. Ein wichtiger theoretischer Aspekt, den es noch zu klären gibt, ist die Frage nach der Existenz eines Minimums. Hierfür muss eine stetige Abhängigkeit zwischen der Lösung und der Form des Randes gezeigt werden. Zusammen mit dem Satz vom Minimum und Maximum (oder Satz von Weierstraß) würde daraus die Existenz des Minimums folgen. Unglücklicherweise existiert zur Zeit keine Erkenntnis bezüglich der Existenz eines solchen Beweises.

An dieser Stelle soll auch ein Dank an Herr Prof. Dr. Klaus Höllig ausgesprochen werden für die Möglichkeit dieses Thema bearbeiten zu dürfen. Die weiterentwickelten MATLAB-Kenntnisse, sowie das Arbeiten mit gewichteten B-Splines und der FEMB-Toolbox werden sicherlich für eine folgende Dissertation von großer Hilfe sein.

In dieser soll mit einer adaptiven Verfeinerungstechnik und der Verwendung hierarchischer B-Spline Basen eine wichtige theoretische, aber auch praktische Lücke zwischen konventionellen Finiten Elementen und gewichteten B-Splines als Basisfunktionen geschlossen werden. Gerade bei Problemen der dreidimensionalen linearen Elastizität, die in dieser Arbeit nur am Rand behandelt wurden, stellen Ecken und Kanten ein Problem in der Berechnung dar und führen zu Ungenauigkeiten in der Lösung. Unter Ausnutzen von Vorteilen, die bei der Verwendung von gewichteten B-Splines entstehen, wie beispielsweise dem punktweisen Bilden des Residuums, sollen neue Unterteilungsstrategien entwickelt werden, die einen natürlicheren Ansatz bieten, als bisherige Verfahren.

Gerade bei der programmiertechnischen Umsetzung von diesem Vorhaben können die Erkenntnisse über den Aufbau und die Manipulation der Ritz-Galerkin-Matrix für gewichtete B-Splines sehr hilfreich sein.

Beim Anfertigen der Arbeit, insbesondere bei der Recherche für die Einleitung, haben sich

zudem einige Arbeitsbereiche für Mathematiker in der Praxis ergeben, die neben einer aka-
demischen Tätigkeit an einer Hochschule, ein mögliches Tätigkeitsfeld darstellt. Außerdem
lässt sich das Ergebnis dieser Arbeit, vor allem die im Kapitel mit den vorgestellten Beispielen auftretenden Bilder der Abläufe, einem allgemeineren Publikum präsentieren, als
beispielsweise eine sehr viel theoretischer ausgelegte Arbeit. Wie schon bei der angefertig-
ten Bachelorarbeit *Spline-Modellierung und Simulation einer Achterbahn* [31] zeigt sich,
dass mathematische Publikationen sehr reizvolle anwendungsorientierte Aspekte haben
können.

Anhang

Es folgt zunächst eine kurze Spezifikation des Computers, auf dem die vorgestellten Rechnungen durchgeführt wurden und auf welchem die aufgeführten Laufzeiten basieren. Im Anschluss ist eine Liste der auf der beigelegten CD enthaltenen Dateien zu finden. Hierzu ist anzumerken, dass in allen Ordnern, welche die Lösung eines Beispiels berechnen, die Dateien aus dem entsprechenden Template Ordner enthalten sind. Diese werden der Übersicht halber nur einmal aufgeführt.

PC-Spezifikation

Intel® Core™ i5-3450 3.1GHz, 8GB RAM, AMD Radeon 7850, 256 GB SSD, Windows 8.1 Pro, MATLAB 2014a

Dateiliste

```
/
├─ flexible tolerance method .................... flexible tolerance Verfahren
│  ├─ constraint_violation.m
│  ├─ demo_flexible_tolerance.m ......................... enthält die Beispiele
│  ├─ example_constraints
│  ├─ example_function
│  ├─ flexible_tolerance
│  └─ nelder_mead_flexible
├─ Matlab optimization ......................... Optimierung mit MATLAB
│  ├─ constraint_1.m
│  ├─ constraint_2.m
│  └─ optimization_with_matlab.m ....................... enthält die Beispiele
├─ Nelder Mead algorithm ........................... Nelder Mead Verfahren
│  ├─ demo_function.m
│  ├─ demo_function_rosen.m
│  ├─ demo_nelder_mead.m ............................. enthält die Beispiele
│  ├─ in_bounds.m
│  └─ nelder_mead.m
└─ Optimization examples .................... gerechnete Optimierungsbeispiele
   └─ Bezier ................. zusätzlich Template Dateien von Nelder und Mead
      ├─ f_gravity.m
      ├─ w_line.m
      └─ wD_bezier.m
```

```
├─Bridge with flexible tolerance ............ zusätzlich Template Dateien
│  ├─f_gravity.m
│  ├─w_line.m
│  └─wD_bridge.m
├─Bridge with Nelder and Mead ............... zusätzlich Template Dateien
│  ├─f_gravity.m
│  ├─w_line.m
│  └─wD_bridge.m
├─Comparison
│  ├─assemble_2de.m
│  ├─assemble_2de_init.m
│  ├─assemble_2de_modified
│  ├─evaluate_2de
│  ├─f_gravity.m
│  ├─init_linear_system.m
│  ├─integrate_2d.m
│  ├─integrate_2d_modified.m
│  ├─solve_2de.m
│  ├─start_compare.m
│  └─w_line.m
└─Ellipse ................................... zusätzlich Template Dateien
   ├─f_centrifugal_modified.m
   ├─w_hole.m
   └─wD_ellipse.m
├─Template flexible tolerance ............. Optimierung mit flexible tolerance
├─assemble_2de_init.m
├─assemble_2de_modified.m
├─constraint.m
├─constraint_violation.m
├─evaluate_2de.m
├─flexible_tolerance.m
├─func.m
├─init_linear_system.m
├─integrate_2d.m
├─integrate_2d_modified.m
├─integrate_2d_modified_area.m
├─in_bounds.m
├─nelder_mead_flexible.m
├─optimize_start.m
├─solve_2de.m
└─visualize_minimization.m
├─Template Nelder Mead ............... Template für Nelder Mead Optimierung
├─area_bisect.m
├─assemble_2de_init.m
├─assemble_2de_modified.m
└─bisect.m
```

```
├─ evaluate_2de.m
├─ func.m
├─ get_add_dimension.m
├─ init_linear_system.m
├─ integrate_2d.m
├─ integrate_2d_modified.m
├─ integrate_2d_modified_area.m
├─ in_bounds.m
├─ in_bounds_bisect.m
├─ nelder_mead.m
├─ nelder_mead_bisect.m
├─ optimize_start.m
├─ solve_2de.m
└─ visualize_minimization.m
```

Literatur

[1] COMSOL AB. *Optimization Module.* Stand: 29.03.2014. URL: http://www.comsol. de/optimization-module.

[2] H. W. Alt. *Lineare Funktionalanalysis.* Springer-Verlag, 2006.

[3] Inc Altair Engineering. *Altair OptiStruct.* Stand 06.04.2014. URL: http://www. altairhyperworks.de/Product,19,OptiStruct.aspx.

[4] J. S. Arora. *Introduction to optimum design.* Academic Press, 2011.

[5] A. D. Belegundu und T. R. Chandrupatla. *Optimization concepts and applications in engineering.* Cambridge University Press, 2011.

[6] M. P. Bendsøe und N. Kikuchi. „Generating optimal topologies in structural design using a homogenization method". In: *Computer Methods in Applied Mechanics and Engineering* (1988).

[7] M. P. Bendsøe und O. Sigmund. *Topology Optimization.* Springer-Verlag, 2003.

[8] P. Bézier. „Définition numérique des courbes et surfaces I". In: *Automatisme XI* (1966).

[9] P. Bézier. „Définition numérique des courbes et surfaces II". In: *Automatisme XII* (1967).

[10] C. de Boor. *A Practical Guide to Splines.* Springer-Verlag, 1978.

[11] M. Boßle. „R-Funktionen für Finite Elemente Approximationen mit WEB-Splines". Diplomarbeit. Universität Stuttgart, 2002.

[12] P. de Casteljau. „Courbes et surfaces a pôles". In: *Technical report, André Citroën Automobiles SA, Paris* (1959).

[13] HVA Conseil. *How the Viaduct was built.* Stand: 29.03.2014. URL: http://www. leviaducdemillau.com/en_index.php#/construction-du-Viaduc/.

[14] HVA Conseil. *The Viaduct photo gallery.* Stand: 29.03.2014. URL: http://www. leviaducdemillau.com/en_index.php#/phototheque/.

[15] W. Demtröder. *Experimentalphysik 1: Mechanik und Wärme.* Springer-Verlag, 2013.

[16] FEMopt Studios GmbH. *FEMopt Studios.* Stand: 29.03.2014. URL: http://www. femopt.de/index.php/de/.

[17] R. T. Haftka und Z. Gürdal. *Elements of Structural Optimization.* Kluwer Academic Publishers, 1992.

[18] L. Harzheim. „Optimierung von Bauteilen mit der Wachstumsregel von Bäumen und Knochen." In: *BIONA Report 16, Akad. Wiss. Lit., Mainz* (2003).

[19] D. M. Himmelblau. *Applied nonlinear programming.* Mcgraw-Hill, 1972.

[20] K. Höllig. *Finite Elements Methods with B-Splines.* SIAM - Society for Industrial und Applied Mathematics, 2003.

[21] K. Höllig und J. Hörner. *Approximation and Modeling with B-Splines.* Society for Industrial und Applied Mathematics, 2014.

[22] K. Höllig und J. Hörner. *Finite Element Methods with B-Splines: Sample* MATLAB *Programs.* 2011.

[23] K. Höllig, U. Reif und J. Wipper. „Weighted extended b-spline approximation of Dirichlet problems." In: *SIAM Journal on Numerical Analysis, Volume 39, Number 2* (2001).

[24] K. Höllig u. a. „Collocation with WEB-Splines". In: *Stuttgarter Mathematische Berichte* (2015).

[25] Society for Industrial und Applied Mathematics. *Finite Element Methods with B-Splines: Supplementary Material.* Stand: 31.03.2014. URL: http://www.siam.org/books/fr26/.

[26] L. W. Kantorowitsch und W. I. Krylow. *Nährungsmethoden der Höheren Analysis.* VEB Deutscher Verlag der Wissenschaften, Berlin, 1956.

[27] L. D. Landau und E. M. Lifshitz. *Theory of Elasticity.* Pergamon Press, Elmsford, NY, 1986.

[28] N. I. Lobachevsky. *Geometrical investigations on the theory of parallel lines; On the foundations of geometry.* 1830.

[29] M. A. Luersen, R. Le Riche und F. Guyon. „A constrained, globalized, and bounded Nelder-Mead method forengineering optimization". In: *Struct Multidisc Optim 27* (2004).

[30] F. Martin. „Adaptive B-Spline-Approximation singulärer Lösungen der Lamé- Navier-Gleichungen". Diss. Universität Stuttgart, in Arbeit.

[31] F. Martin. „Spline-Modellierung und Simulation einer Achterbahn". Bachelorarbeit. Universität Stuttgart, 2012.

[32] C. Mattheck. „Design and growth rules for biological structure and their application to engineering". In: *Fatigue & Fracture of Engineering Materials & Structures Vol. 13* (1990).

[33] J. A. Nelder und R. Mead. „A Simplex Method for Function Minimization." In: *Computer Journal 7* (1965).

[34] D. A. Paviani und D. M. Himmelblau. „Constrained nonlinear optimization by heuristic programming". In: *Operations Research 17* (1969).

[35] H. H. Rosenbrock. „An automatic method for finding the greatest or least value of a function". In: *The Computer Journal 3* (1960).

[36] V. L. Rvachev und T. I. Sheiko. „R-functions in boundary value problems in mechanics". In: *Appl. Mech. Rev. 48* (1995).

[37] V. L. Rvachev u. a. „On completeness of RFM solution structures". In: *Comp. Mech. 25* (2000).

[38] I. J. Schoenberg. „Contributions to the problem of approximation of equidistant data by analytic functions". In: *Quart. Appl. Math* (1946).

[39] U. Schramm und M. Zhou. „Recent Developments in the Commercial Implementation of Topology Optimization". In: *UTAM Symposium on Topological Design Optimization of Structures, Machines and Materials Solid Mechanics and Its Applications Volume 137* (2006).

[40] EnginSoft SpA. *Performance and Shape Optimization of the Campagnolo Tri-ProPad bike shorts pad.* Stand 15.04.2014. URL: http : / / www . enginsoft . com / techno logies / multidisciplinary - analysis - and - optimization / multiobjective - optimization / performance - and - shape - optimization - of - the - campagnolo - tri-propad-bike-shorts-pad.html.

[41] J. Valentin. „Spline-Approximation unregelmäßig verteilter Daten". Bachelorarbeit. Universität Stuttgart, 2012.